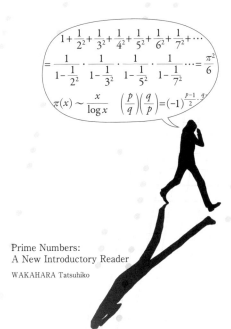

$$1+\frac{1}{2^2}+\frac{1}{3^2}+\frac{1}{4^2}+\frac{1}{5^2}+\frac{1}{6^2}+\frac{1}{7^2}+\cdots$$

$$=\frac{1}{1-\frac{1}{2^2}}\cdot\frac{1}{1-\frac{1}{3^2}}\cdot\frac{1}{1-\frac{1}{5^2}}\cdot\frac{1}{1-\frac{1}{7^2}}\cdots=\frac{\pi^2}{6}$$

$$\pi(x)\sim\frac{x}{\log x}\quad\left(\frac{p}{q}\right)\left(\frac{q}{p}\right)=(-1)^{\frac{p-1}{2}\cdot\frac{q}{}}$$

Prime Numbers:
A New Introductory Reader

WAKAHARA Tatsuhiko

新しい 素数入門読本

不思議な素数の世界へ案内します

若原 龍彦

講談社エディトリアル

はじめに

　ご存知のように，整数のなかには，分解される数と分解されない数があります．たとえば整数 182 は，$182 = 2 \times 7 \times 13$ のように三つの整数に分解されて表されます．このとき右辺に現れる数 2, 7 や 13 はこれ以上は分解されることはなく，素数と呼ばれています．他方で，もとの数 182 は素数に分解される数で，合成数と呼ばれています．このように素数は，整数を構成する数，いわば，もと（素）になる数，と言えることになります．

　そこで，これからテーマとなる素数についてですが，小さいところから順に書き出してみましょう．

$$2, 3, 5, 7, 11, 13, 17, 19, 23, 29, 31, 37, 41, 43, 47, \cdots$$

この配列の様子を眺めていると気付くのですが，どうやら素数はばらばらになって散らばっているようです．もう少し大きいところで 500 を超えるあたりを見ても

$$503, 509, 521, 523, 541, 547, 557, 563, 569, 571, 577, \cdots$$

となっていて，やはりばらばらに点在しているように思われます．それでは，その配列については，何か法則のようなものがあるのでしょうか，それとも全く無いのでしょうか．

　ところで素数の個数についてですが，素数はいくらでもあるということが知られています．言い換えれば，素数の個数は無限です．これについて想像することは，それほど難しいことではないかもしれません．

　それでは，ある数 x 以下の範囲に限って考えたとき，そこに含まれる素数の個数はどのくらいあるのでしょうか．x が比較的小さな数であれば，すぐ

にわかるかもしれません．しかし x が大きな数の場合には，それは容易なことではないでしょう．この問題に対しては，すぐには答えが思いつかないようであり，かなり難しい問題と考えられていました．

　しかしながらマクロ的に眺めながら詳しく調べていく過程のなかで，素数の個数に関しては，ある数式が成り立つ，ということがわかってきたのです．結論を先に言えば，x 以下の素数の個数は，おおまかにいえばネイピアの数 e（$= 2.718\cdots$）を底とする自然対数 $\log x$ を分母とする

$$\frac{x}{\log x}$$

を用いて書き表されることになります．自然対数 $\log_e x$ の底である e は，通常はこのように省略して書かれます．そして上で述べた素数の分布の様子についても，この自然対数 $\log x$ を使った式によって表されることがわかっています．（自然対数は，なじみのある方も少なくないと思いますが，10 を底とする常用対数とは異なります．）

　つぎに異なる二つの素数の関係を表した，ガウスによる平方剰余の相互法則というものがあります．この法則は，任意に選ばれた二つの素数の関係が簡単な式で表される，ということを述べています．詳しいことは本文のなかで説明しますが，ばらばらに在る素数が，ひとつの式によって表されるということは，何か不思議な思いがします．

　ところで素数を 4 で割ると，（2 を除いて）余りは 1，または 3 のいずれかになります．余りが 1 となる素数には $5, 13, 17, 29, 37, \cdots$ などがあり，また余りが 3 となる素数には $3, 7, 11, 19, 23, \cdots$ などがあります．素数はこのよ

うに二つのグループに分けられるのですが，この二つのグループのなかにおいて，素数はだいたい同じような個数で分布しているのです．つまりどのような範囲をとって数えてみても，二つのグループに含まれる素数の個数は，ほぼ同じになるというのです．素数がばらばらであることなどを考慮したとき，このような事実は，なかなか興味深いと言えるでしょう．

　さらに余りによって分けられた二つの素数には，全く異なる性質が見られるのです．4で割ったとき余りが1の素数，たとえば41は

$$41 = 4^2 + 5^2$$

のように，二つの整数を平方した和によって表されます．41は素数であり，もちろんこれ以上は分解されないのですが，虚数 $\sqrt{-1}$ を使う複素数の範囲まで広げた場合には

$$41 = (4 + 5\sqrt{-1})(4 - 5\sqrt{-1})$$

と分解されて表されるのです．そしてこれにより，上述の平方の和についての式が得られるのです．もちろん，このことは4で割った余りが1となる，53, 57などの素数についても同様です．これに対して4で割ったときに3余る素数，たとえば43, 47などがそうですが，これらの素数は二つの数の平方の和では表されませんし，また $\sqrt{-1}$ を使って分解されることもありません．

　これも，素数がもつ不思議であり，また魅力のある一面と言えるものです．

　オイラーはゼータ関数と呼ばれる一種の無限級数について詳しく調べ，数多くの成果を残しています．そのなかで，自然数 $1, 2, 3, 4, \cdots$ を使って書かれる足し算の式と，素数 $2, 3, 5, 7, \cdots$ を使って書かれる掛け算の式が等号で

結ばれること，そしてこの式の値が円周率 $\pi = 3.141\cdots$ で表されるということを示しました．ひとつの例を挙げておきましょう．

$$1 + \frac{1}{2^2} + \frac{1}{3^2} + \frac{1}{4^2} + \frac{1}{5^2} + \frac{1}{6^2} + \frac{1}{7^2} + \frac{1}{8^2} + \cdots$$
$$= \frac{1}{1 - \frac{1}{2^2}} \cdot \frac{1}{1 - \frac{1}{3^2}} \cdot \frac{1}{1 - \frac{1}{5^2}} \cdot \frac{1}{1 - \frac{1}{7^2}} \cdots = \frac{\pi^2}{6}$$

すべての自然数と，すべての素数，そして円周率 π で書かれたこの式からは，何とも美しい数学ならではの香りが漂ってきます．実際のところ，ゼータ関数と素数の間には深い関係がある，ということがわかっているのです．

それから後の時代において活躍したディリクレは，ゼータ関数を一般化した L 関数と呼ばれる無限級数についての研究をしました．そしてこれを用いた方法によって素数の分布がさらに明らかとなるなど，新たな成果が得られたのでした．ゼータ関数を用いることにより素数の個数が無限であることが示されるのですが，L 関数を用いることにより，たとえば 4 で割ったときに 1 余る素数と，4 で割ったときに 3 余る素数とが，いずれも無限にあることが示されるのです．これについては，本文において詳しく見ていきたいと思います．

ひとくちに素数と言ってもそこには多くの秘密が隠されているようであり，いろいろと調べ探っていくと，目の前には魅力あふれる不思議な数の世界が現れてくるのです．

読者のなかには学校で数学を学んだ際に，公式を覚え，多くの練習問題を解くなどして，試験で良い成績を挙げるために努力された方も少なくないかと思います．しかしながら，もちろん数学はそれだけということではありま

せん．とくに純粋数学といわれる分野においては，不思議な現象が潜んでいたり，または突然美しい式が現れたりと，なかなか面白い場面に出会ったりすることがあるのです．

　そのようななかで，この本では素数に関する基本的なことについて説明をしながら，さまざまな面から考察をし，それらの魅力について探り，訪ねてみたいと思います．

　読者の皆さんにとって，素数にまつわる数学について少しでも興味が深まっていくことになれば，著者としては大きな喜びです．

2023 年 8 月　　　若原　龍彦

目次

11 13 17 19 23
59 61 67 71 73
109 113
163 167 173
211 223
263 269 271
311 313 317
359 367 373
409 419 421

新しい 素数入門読本

不思議な素数の世界へ案内します

509 521 523
563 569 571
613 617 619
659 661 673
709 719
761 769 773
809 811 821 823
859 863
911 919
967 971
1009 1013 1019 1021

第1章

素数をめぐって

1.1 素数を眺めていると...

素数とは，1 およびその数自体を除くと，他には約数をもたないような正の整数を言います．たとえば，17, 23 や 41 は，それら自身を除くと約数をもたない数ですから，素数ということになります．ここで 100 未満の素数を順に挙げておきましょう．

$$2, 3, 5, 7, 11, 13, 17, 19, 23, 29, 31, 37, 41$$

$$43, 47, 53, 59, 61, 67, 71, 73, 79, 83, 89, 97$$

このなかで 2 だけが偶数でその他は奇数ですが，この 2 を除いたときの素数を奇素数と呼ぶことがあります．なお英語では，素数を prime number と言います．

合成数とは，1 を除く自然数のうち素数でないもので

$$4, 6, 8, 9, 10, 12, 14, 15, 16, 18, 20, 21, 22, \cdots$$

を言います．合成数は，たとえば

$$391 = 17 \times 23 \qquad 3403 = 41 \times 83 \qquad 1715 = 5 \times 7^3$$

などのように，素数の積の形で書かれます．このように合成数を素数に分解して表す方法は，素数の順序を考えなければ，ただ一通りしかありません．なお 1 は，素数でも合成数でもありません．

少ない例ではあるのですが，上の 100 未満の素数を見ていると，どうやら素数はばらばらに点在しているようであり，その配列に何らかの規則があるようには思われません．念のために，1000 を超えたあたりの素数の並びに

ついても見てみると

$$1009, 1013, 1019, 1021, 1031, 1033, 1039, 1049, 1051$$

となっているのですが，これからもやはり素数はとびとびになって存在していることがわかります．

　ところで素数の個数について見てみると，100 未満の場合の 25 に対して，1000 以上で 1100 未満の場合には 16 となっていて，整数の個数は同じであっても，そこに含まれる素数はやや減少していることがわかります．そこでつぎの問題として，素数の個数の変化する様子についても見ておきましょう．
　1000 未満の自然数を 200 ごとに分けたときの素数の個数を調べてみると，それらはつぎのようになっています．

　　　1 以上で，200 未満の個数は 46

　　　200 以上で，400 未満の個数は 32

　　　400 以上で，600 未満の個数は 31

　　　600 以上で，800 未満の個数は 30

　　　800 以上で，1000 未満の個数は 29

　さらに 1000 以上，1200 以上，1400 以上 … のように，それぞれ 200 ごとに分けていった場合の個数は，順に 28, 26, 29, 27, 25, … と続いています．そしてもっと幅を広げて 2000 ごとに分けた場合について調べてみると，素数の個数はつぎのように推移していることがわかります．

　　　1 以上で，2000 未満の個数は 303

　　　2000 以上で，4000 未満の個数は 247

　　　4000 以上で，6000 未満の個数は 233

　　　6000 以上で，8000 未満の個数は 224

　　　8000 以上で，10000 未満の個数は 222

　このように一定の範囲について見てくると，数が大きくなるにしたがい，素数の存在はわずかずつではあるのですが，次第にまばらになっていることがわかります．もちろん数が大きくなるにつれて，素数の個数が単調に減っ

ていくということではありません．そのときの様子は，ときには波を打ちながらも，次第に数が減っているように見受けられます．

このような傾向については，マクロ的な観察を行うことによって理解が深まるように思われますが，詳しいことは後の章において，さらに検討を行うことにします．

ここでたとえば，つぎのように考えてみましょう．

3 の倍数が出現する確率は，1 以上で 1000 未満と，1000 以上で 2000 未満の範囲においては同じです．さらに言えば，ある数が 3 の倍数となる確率は，自然数のどの範囲を見ても同じということになります．しかし，1 以上 1000 未満の範囲では素数 3 があるのに対して，1000 以上 2000 未満の範囲やそれに続く 1000 ごとに区切られた範囲では，3 の倍数（すなわち合成数）しかありません．5 や 7 の倍数についても同じようなことが言えます．1000 未満では素数 5, 7 があるのに対して，1000 以上 2000 未満，あるいはそれに続く範囲では 5, 7 の倍数である合成数しかありません．さらに 11, 13, 17, · · · などの素数が続くことを考慮すれば，数が大きくなるにしたがって素数の割合が減り，他方で合成数の占める割合は増える，ということがわかります．

ところで自然数のなかから素数を見つけ出すことを考えた場合，何か良い方法というのはあるのでしょうか．昔からよく知られているのが，「エラトステネスのふるい」という方法です．

つぎは，1 から 60 までの整数を順番に書いたものです．

1, 2, 3, 4, 5, 6, 7, 8, 9, 10, 11, 12, 13, 14, 15, 16, 17, 18, 19, 20, 21, 22

23, 24, 25, 26, 27, 28, 29, 30, 31, 32, 33, 34, 35, 36, 37, 38, 39, 40, 41

42, 43, 44, 45, 46, 47, 48, 49, 50, 51, 52, 53, 54, 55, 56, 57, 58, 59, 60

これから 1 を外し，また素数 2 を除く 2 の倍数を外していきます．

2, 3, 5, 7, 9, 11, 13, 15, 17, 19, 21, 23, 25, 27, 29, 31

33, 35, 37, 39, 41, 43, 45, 47, 49, 51, 53, 55, 57, 59

続いて素数 3 を除く，3 の倍数を外していきます．

$$2,3,5,7,11,13,17,19,23,25,29,31,35,37,41,43,47,49,53,55,59$$

そして同じように，こんどは素数 5 を残して 5 の倍数を外していきます．

$$2,3,5,7,11,13,17,19,23,29,31,37,41,43,47,49,53,59$$

続いては，素数 7 を残して 7 の倍数を外していきます．

$$2,3,5,7,11,13,17,19,23,29,31,37,41,43,47,53,59$$

これで，60 以下の素数が出そろいました．

　このように，正の整数を順に書き出しておいて，素数 $2,3,5,\cdots$ で割り切れる整数を順に消していけば，残った自然数が素数ということになります．素数を見出すこのような考えは，実際のところ，基本的には今昔変わってはいません．ただし注意しておきたいことは，x までの整数が素数であるのかを確かめる場合には，$2,3,5,\cdots$ から始めて $\sqrt{x}$ 以下の素数で順に割っていけばよいのです．ですから，たとえば 5000 までの素数を調べる場合には，$\sqrt{5000}=70.7\cdots$ ですから，これ未満で最大の素数である 67 までのすべての素数で割り切れるかどうかを調べればよい，ということになります．とは言っても，実際のところ数字が大きくなると，それなりの時間がかかってきます．そのため，かなり大きな数が素数かどうかを見分ける場合には，コンピュータでも相当な時間を要することになります．

　素数の配列には，どうやら規則性は見られない，ということについて述べてきました．実際に，たとえば 2000 を超えた，はじめの部分の素数の並びを見ると

$$2003,2011,2017,2027,2029,2039,2053,2063,2069,2081,\cdots$$

となっているのですが，このときの隣り合う二つの素数の間隔は

$$8,\quad 6,\quad 10,\quad 2,\quad 10,\quad 14,\quad 10,\quad 6,\quad 12,\quad \cdots$$

となっています．この例からも，やはり素数はばらばらにある，ということが読み取れます．

　実は，二つの素数の間隔はいくらでも大きくとれるのです．

　n 個の連続する自然数

$$(n+1)!+2, \quad (n+1)!+3, \quad \cdots, \quad (n+1)!+(n+1)$$

は，それぞれ順番に $2, 3, \cdots, (n+1)$ で割り切れるので，いずれの数も合成数になります．したがって n のとり方によっては，いくらでも大きな，合成数だけが連続する区間が存在することになります．なお階乗を表す記号！について

$$(n+1)! = (n+1)n(n-1)(n-2)\cdots 3\cdot 2\cdot 1$$

を表しています．ですから，たとえば $6! = 6\cdot 5\cdot 4\cdot 3\cdot 2\cdot 1 = 720$ のことです．

　これまでは，素数と合成数について述べてきました．この本ではさまざまな「数」を扱います．そこで数というものについて，改めて整理をしておきましょう．

　私たちが普段使っている実数についてですが，これは有理数と無理数とに分けられます．

　有理数とは，$a(\neq 0), b$ を整数として分数 $\dfrac{b}{a}$ の形で書き表される数を言います．整数 b というのはとくに $a=1$ とした場合ですから，これも有理数になります．また小数のうちの有限小数および循環小数も分数で書かれるので，有理数に含まれます．このうち循環小数は，たとえば

$$0.166666\cdots = \frac{1}{6} \qquad 0.363636\cdots = \frac{12}{33}$$

などのように表されます．以上で挙げた数については，いずれも正，負を問いません．なおとくに正の整数を，自然数と呼んでいます．

　無理数は循環しない無限小数のことで，たとえば

$$\pi = 3.141592653\cdots$$

$$e = 2.718281828\cdots$$

$$\sqrt{2} = 1.414213562\cdots$$

などがあります．π は，もちろん円周率を表しています．また，e はネイピアの数と呼ばれており，たとえば自然対数の底として用いられています．このような無理数であることを主張するためには，その証明が必要となります．

　実数に対して，虚数と呼ばれる数があります．虚数は $i, 5i$ などのように 2 乗するとマイナスになる数のことです．なお i は，$i = \sqrt{-1}$ を表しています．そして実数と虚数の和で表される数，たとえば $1+i$ や $3+4i$ などは，複素数と呼ばれています．

1.2　素数はいくらでもあります

　素数の個数は無限です．それは定理として，つぎのように表されます．
　「定理（素数の無限性）　　素数は無限に存在する．」
　この定理を証明するための，さまざまな方法が考えられています．そのひとつになりますが，ギリシアの数学者であるユークリッド（紀元前 3〜4 世紀頃）は，素数の無限性についてつぎのように示しました．
　n 個の異なる素数を，$p_1, p_2, \cdots, p_n$ で表します．このとき，自然数 $N = p_1 p_2 \cdots p_n + 1$ について考えます．N を $p_1, p_2, \cdots$ または p_n で割ると，いずれの場合も 1 余るために，N は素数 $p_1, p_2, \cdots, p_n$ によって割り切れないことになります．したがって N は $p_1, p_2, \cdots, p_n$ とは別の素数であるか，もしくは $p_1, p_2, \cdots, p_n$ とは異なる素数を因数にもつ合成数になります．いずれにしてもこの場合，$p_1, p_2, \cdots, p_n$ 以外の新たな素数 p_{n+1} が存在することになります．
　これと同じことを繰り返すことにより，素数はいくらでも存在することがわかります．

　ここで，今の定理（素数の無限性）に関する，ひとつの例を見ておきましょう．

4 個の素数 $2, 3, 5, 7$ があります．この場合 $2 \cdot 3 \cdot 5 \cdot 7 + 1 = 211$ ですが，この 211 は素数です．さらに 211 を用いると，$2 \cdot 3 \cdot 5 \cdot 7 \cdot 211 + 1 = 44311$ となります．この 44311 は合成数で $44311 = 73 \cdot 607$ と分解されますが，このときの数 73 および 607 は，いずれも素数になります．このようにして，次から次へと素数が現れてくることがわかります．

つぎは突然ですが，等差数列に含まれる素数，というものについて考えてみたいと思います．まずは，ひとつの例を見てみましょう．

自然数は $4n,\ 4n+1,\ 4n+2,$ または $4n+3,\ (n = 0, 1, 2, 3, \cdots)$ のいずれかで表されます．この場合，それぞれの数を並べて書いてみると，それらは以下のような 4 個の数列によって表されます．

$$4, 8, 12, 16, 20, 24, 28, 32, 36, 40, 44, \cdots$$
$$1, 5, 9, 13, 17, 21, 25, 29, 33, 37, 41, \cdots$$
$$2, 6, 10, 14, 18, 22, 26, 30, 34, 38, 42, \cdots$$
$$3, 7, 11, 15, 19, 23, 27, 31, 35, 39, 43, \cdots$$

このなかで 2 番目の数列，すなわち $4n+1$ で表される数がなす，初項が 1，公差が 4 の等差数列においては，素数

$$5, 13, 17, 29, 37, 41, 53, 61, 73, 89, \cdots$$

が含まれています．また最後の数列，すなわち $4n+3$ で表される数がなす，初項が 3，公差が 4 の等差数列においても素数が含まれていて，それらは

$$3, 7, 11, 19, 23, 31, 43, 47, 59, 67, 71, \cdots$$

となっています．これに対して，他の二つの数列においては（2 を除き）素数は含まれていません．このように 4 個ある数列において，実は初項と公差が素である数列においては素数が含まれ，初項と公差が素でない数列においては素数は含まれていないことがわかります．素であるとは，1 を除き共通の約数をもたない場合を言います．

　素数が含まれる等差数列に関して，一般的にはつぎのようになります.

　k と n は，$1 \leq k < n$ を満たす自然数とします. そのうえで，初項が k，公差が n である等差数列

$$k, \quad k+n, \quad k+2n, \quad k+3n, \quad k+4n, \quad \cdots$$

について考えます. この場合，k と n が互いに素の関係にある数列において素数は存在します. 実際，k と n が素でないなら，数列の項 $k+an$，$(a=1,2,\cdots)$ は k と n の公約数で割り切れるので，素数ではありません. 逆に k と n が素であれば，$k+an$ は素数となることがあります.

　初項が k，公差が n の，n 個ある等差数列のなかで，素数が存在する数列の個数は $\varphi(n)$ となります. $\varphi(n)$ はオイラー関数で，自然数 $1,2,3,\cdots,n$ のうち，n と互いに素となる数の個数を表します. たとえば $n=4$ の場合には $1,2,3,4$ のうち $1,3$ の二つの数が 4 と素ですから $\varphi(4)=2$，また $n=5$ の場合には $1,2,3,4,5$ のうち $1,2,3,4$ の四つの数が 5 と素ですから，$\varphi(5)=4$ となります.

　とくに n が素数であれば，初項が $1,2,3,\cdots,n-1$ で公差が n である，$n-1$ 個の数列において素数が存在します. 今の場合では，$1,2,3,\cdots,n-1$ のいずれの数も n と素の関係にあります.

　たとえば $n=6$ のとき，$k=1,5$ は 6 と素ですから，初項が 1 または 5 で公差が 6 の等差数列において素数は存在します. これに対して，初項が $0,2,3$ または 4 で公差が 6 の等差数列においては，素数は存在しません. また 5 は素数ですから，初項が $1,2,3$ または 4 で公差が 5 の等差数列において素数が存在します. なお $k<n$ としましたが，$k>n$ の場合でも，k と n が素である初項が k，公差が n の等差数列においては素数が含まれます.

　ところで上で述べた，初項が k，公差が n の等差数列において含まれる素数の分布に関して，つぎの重要な事項が知られています.

　素数が含まれる $\varphi(n)$ 個ある等差数列において，ある数以下には素数の個数はいわば平等に含まれていて，同じ数になるように分布しています. またこれらの各数列において，素数は無限に存在します.

以上に関しては，後の章においてさらに詳しく見ていくことにします.

1.3 未解決の問題

素数に関しては，今日においても未解決となっているさまざまな問題があります. それらのうちから，よく知られている問題について，ここで簡単にまとめておきたいと思います.

初めは，双子素数に関しての問題です.

双子素数とは，ひとつの偶数をはさんだ二つの素数からなる組のことです. たとえば二つの素数を記号 (　) を使って書けば

$$(3,5), \quad (5,7), \quad (11,13), \quad (17,19), \quad (29,31)$$

などが双子素数になります. また 1000 を超えたところを見てみると

$$(1019,1021), \quad (1031,1033), \quad (1049,1051), \quad (1061,1063)$$

などがあります. もちろん，これ以降の整数においても双子素数は続いています. ところが，この双子素数が無限に在るかどうかについては，まだわかっておらず，未解決の問題として残されているのです.

表 1.1 は 2000 個の整数のなかに含まれる素数の個数，およびそのうちの双子素数の組数が，どのようになっているのかを，いくつかの場合について調べてみたものです. 表における「双子素数の組数」とは，ペアーとなる組の個数を言います. また「双子素数/素数」は，双子素数を 2 としたときの個

表 1.1　双子素数の個数と割合

整数の範囲	素数の個数	双子素数の組数	双子素数/素数
1–2000	303	61	0.399
2001–4000	247	41	0.331
4001–6000	233	40	0.343
6001–8000	224	32	0.285
8001–10000	222	30	0.270

数の割合を求め，小数点 4 桁以下を切捨てた数です．なお三つの素数 $3, 5, 7$ においては 2 組の双子素数が含まれるのですが，この場合，表では素数の個数を 3 として求めてあります．

　このリストによれば，サンプルとしては少ないのですが，数が大きくなるにつれて素数の密度が小さくなるとともに，素数に占める双子素数の割合も少なくなるように見受けられます．

　双子素数は n を自然数として，

$$(6n - 1, 6n + 1)$$

の形で書き表されます（ここでは，$(3, 5)$ を除きます）．これについては，前の節でもふれたのですが，公差が 6 の等差数列を考えたときには，初項が 1 または 5 の場合にだけ素数が含まれていることからわかります．

　または，つぎのようにしても理解されます．双子素数は奇数が連続した数のことですから，n を自然数として $(2n - 1, 2n + 1)$ で書かれます．中間の数は，もちろん偶数 $2n$ になります．つぎに自然数を $3n - 1, 3n, 3n + 1$ で表したとき，素数となり得るのは $3n - 1$ と $3n + 1$ ですから，その中間の数は $3n$ となります．したがって双子素数の間の数は 2 の倍数であり，かつ 3 の倍数であるために，6 の倍数である $6n$ になります．以上のことから，双子素数は n を自然数として $(6n - 1, 6n + 1)$ の形で書き表されることがわかります．

　なお素数が順に書かれているリストにおいて，4 組の双子素数が連続するという例を，以下に挙げておきましょう．

$$(9419, 9421), \quad (9431, 9433), \quad (9437, 9439), \quad (9461, 9463)$$

これらの数は，連続する 8 個の素数になっています．

　つぎは，ゴールドバッハ予想という問題です．
　これは 4 以上の偶数は，すべて二つの素数の和で表されるであろう，という予想です．少し，例を見てみましょう．

$$10 = 3 + 7$$
$$20 = 7 + 13$$
$$30 = 11 + 19$$
$$40 = 19 + 21$$
$$50 = 13 + 37$$
$$80 = 19 + 61$$
$$100 = 41 + 59$$
$$200 = 97 + 103$$
$$500 = 229 + 271$$
$$1000 = 479 + 521$$

もちろん偶数によっては，複数の方法で書かれる場合があります．例えば100については，つぎのようになります．

$$100 = 3 + 97 = 11 + 89 = 17 + 83$$
$$= 29 + 71 = 41 + 59 = 47 + 53$$

ただし，すべての偶数が，このように二つの素数の和によって書かれるのかどうかについては，今のところは示されていないのです．もちろん，そのようには書けないという反例も知られてはいません．

この予想する内容そのものはシンプルな表現で書かれていて意味もわかりやすいのですが，これを証明するということになると，それはとても難しい問題であるという，ひとつの典型的な例と言えるものです．

さらにもうひとつの問題であるメルセンヌ数，およびメルセンヌ素数について説明をしておきます．

$2^n - 1, (n = 1, 2, 3, \cdots)$ で書かれる自然数を，メルセンヌ数と呼びます．このなかで素数になる数がメルセンヌ素数です．ここで n が1から12までの場合のメルセンヌ数について見ておきましょう．

$$2^1 - 1 = 1$$
$$2^2 - 1 = 3$$
$$2^3 - 1 = 7$$
$$2^4 - 1 = 15 = 3 \cdot 5$$
$$2^5 - 1 = 31$$
$$2^6 - 1 = 63 = 3^2 \cdot 7$$
$$2^7 - 1 = 127$$
$$2^8 - 1 = 255 = 3 \cdot 5 \cdot 17$$
$$2^9 - 1 = 511 = 7 \cdot 73$$
$$2^{10} - 1 = 1023 = 3 \cdot 11 \cdot 31$$
$$2^{11} - 1 = 2047 = 23 \cdot 89$$
$$2^{12} - 1 = 4095 = 3^2 \cdot 5 \cdot 7 \cdot 13$$

上の例のなかでは，$n = 2, 3, 5, 7$ の場合がメルセンヌ素数になっています．さらに調べてみると，$n = 13, 17, 19, 31, 61, 89, \cdots$ などの場合においても素数となることがわかっています．

実際のところ，メルセンヌ数は大きな素数を見つけるために使われることがあります．今わかっている最も大きな素数として $n = 82589933$ のときのメルセンヌ数がありますが，この場合の桁数は 2486 万 2048 桁におよぶ数になります．この素数はメルセンヌ素数を発見するためのプログラムである GIMPS（Great Internet Mersenne Prime Search）によって，2018 年に発見されました．ただし，これよりもさらに大きな素数があることも予想されています．

メルセンヌ数の 2 のべきが合成数のとき，たとえば $n = kj$ であれば，$2^{kj} - 1$ は

$$2^{kj} - 1 = (2^k)^j - 1$$
$$= (2^k - 1)((2^k)^{j-1} + (2^k)^{j-2} + (2^k)^{j-3} + \cdots + 1)$$

と因数分解されるので, $2^{kj}-1$ は素数ではありません. また n が素数の場合, たとえば $2^{11}-1$ の場合には合成数となるのですが, このようにべきの n が素数であっても, このときのメルセンヌ数が素数になるとは限りません.

なお, このメルセンヌ素数が無限に存在するのか, ということについては今のところわかっておらず, 未解決の問題として残されています.

そしてつぎの話題は, フェルマー素数についてです.

$2^{2^n}+1, (n=0,1,2,3,\cdots)$ の形で表される数を, フェルマー数と言います. またこの数が素数となるとき, これをフェルマー素数と呼んでいます.

n に 0 から 4 までの数をあてはめて, 計算をしてみましょう.

$$2^{2^0}+1=2+1=3$$
$$2^{2^1}+1=2^2+1=5$$
$$2^{2^2}+1=2^4+1=17$$
$$2^{2^3}+1=2^8+1=257$$
$$2^{2^4}+1=2^{16}+1=65537$$

これらの数はすべて素数です. フェルマーは, $n=5$ の場合の $2^{2^5}+1$ が素数であるのかどうかについては, 確かめることができませんでした. しかしながらフェルマーはこのように $2^{2^n}+1$ の形で表される数は素数である, ということを予想していました. ところが後になってオイラーは, $n=5$ の場合

$$2^{2^5}+1=2^{32}+1=4294967297=641\times 6700417$$

となり, これが合成数となることを示したのでした. そして現在では, n が 6 以上であるフェルマー数で, 合成数となる多くの場合が知られています.

ただし, 上で挙げた数以外にフェルマー素数があるのかどうかについては, 今のところわかってはいません.

第2章

数論へのご招待

2.1 最大公約数と最小公倍数

整数論を語るうえでは，いくつかの大切な定理がありますが，ここでは素数に関する議論を進めるに際して，基本となるもののなかから二つを挙げておきましょう．

「定理（素因数分解の一意性） 自然数は，順序を除けば一通りの方法で素数の積の形で表される」

$p_1, p_2, p_3, \cdots, p_n$ を異なる素数とするとき，（同じ素数があればべきにより），すなわち $e_1, e_2, e_3, \cdots, e_n$ を自然数として，自然数 N は

$$N = p_1^{e_1} p_2^{e_2} p_3^{e_3} \cdots p_n^{e_n}$$

によって表されます．このとき素数の順序を問わなければ，N を表す方法はただ一通りになります．

この内容については，以前にもふれたところです．

「定理（素数による整除） 整数 k, l の積 kl が素数 p で割り切れるなら，k, l のうち少なくともひとつは p で割り切れる」

この定理と関連しますが，a と b が素であり，bc が a で割り切れるのであれば，c は a で割り切れることになります．

つぎに，最大公約数と最小公倍数について説明をしておきます．

二つの整数のいずれにも約数となっている数を公約数と言いますが，そのなかで最大となる数を最大公約数 GCD（greatest common divisor）と言います．また二つの整数のいずれにも倍数となっている数を公倍数と言いますが，そのうちで最小のものを最小公倍数 LCM（least common multiple）と言います．なお整数 a と b の最大公約数が 1 であるとき，a と b は素である

と言います.

　ここからは, ひとつの例を見ておきましょう.

　二つの整数 4200 と 12375 について考えます. それらを素因数分解すれば

$$4200 = 2^3 \cdot 3 \cdot 5^2 \cdot 7 \qquad 12375 = 3^2 \cdot 5^3 \cdot 11$$

となります. ですから最大公約数は, 二つの数の共通となる因数の積を
とって

$$3 \cdot 5^2 = 75$$

となります. また最小公倍数は

$$2^3 \cdot 3^2 \cdot 5^3 \cdot 7 \cdot 11 = 693000$$

となります.

　ところで二つの整数の積は, 最大公約数と最小公倍数の積に等しくなりま
す. たとえば今の場合は, 確かに

$$4200 \times 12375 = 75 \times 693000$$

となっています.

　一般的に, 二つの整数 A, B の GCD を G, また LCM を L とすれば

$$AB = GL$$

となります. これについては, a, b を整数として $A = aG$, $B = bG$ と書
き表したとき, a と b は素であり, L は aG と bG の最小公倍数すなわち
$L = abG$ ですから

$$AB = aG \cdot bG = G \cdot abG = GL$$

となることからわかります.

　つぎに, ユークリッドの互除法というものについて述べておきます. これ
は多くの文献においても紹介されているものであり, ぜひとも知っておきた
い事項と言えるものです.

上の例において見られたように，二つの数の最大公約数は，それぞれの数を素因数に分解することにより求められます．しかし，この方法によらなくても最大公約数を得ることができるのです．ユークリッドの互除法と言われる方法はそれに該当します．

ひとつの例をもとにしながら，説明をしていきましょう．

10465 と 4301 の最大公約数を求めます．

そのために 10465 を 4301 で割り，余りを求めておきます．すなわち，つぎのような式が得られます．

$$10465 = 2 \cdot 4301 + 1863$$

つぎに 4301 を 1863 で割り，余りを求めておきます．

$$4301 = 2 \cdot 1863 + 575$$

以下，同様な計算を余りが 0 になるまで続けます．

$$1863 = 3 \cdot 575 + 138$$
$$575 = 4 \cdot 138 + 23$$
$$138 = 6 \cdot 23 + 0$$

これにより，10465 と 4301 の最大公約数は 23 であることがわかります．

上の式をもとにして，その理由を考えてみましょう．

最初の式を

$$1863 = 10465 - 2 \cdot 4301$$

と書き換えます．すると 10465 と 4301 の公約数は $10465 - 2 \cdot 4301$ と 4301 の公約数，すなわち 1863 と 4301 の公約数になることがわかります．このとき，公約数には最大公約数が含まれますので，これを

$$GCD(10465, 4301) = GCD(4301, 1863)$$

と書いておきます．同じようにして二番目の式からは

$$GCD(4301, 1863) = GCD(1863, 575)$$

となります. そして三番目以降の式からも, 同様にして

$$GCD(1863, 575) = GCD(575, 138) = GCD(138, 23) = 23$$

となることがわかります. このようにして, 最大公約数の候補となる数を順次絞っていきます.

　最後の式において 138 を 23 で割ると余りは 0 ですからこの二つの数の最大公約数は 23 となるのですが, この 23 はもとの二つの数 10465 と 4301 の最大公約数にもなっています.

　以上により, 10465 と 4301 の最大公約数である 23 が求められました.

　つぎにもとの二つの数について

$$10465 = 455 \cdot 23 \qquad 4301 = 187 \cdot 23$$

と分解されますから, 最小公倍数は

$$455 \cdot 187 \cdot 23 = 1956955$$

となります. もちろん最初から

$$\frac{10465 \cdot 4301}{23} = 1956955$$

と計算することにより, 最小公倍数が求められます.

　最大公約数を求めようとする場合において, とくに二つの数字が大きい場合には, 素数に因数分解する必要のないユークリッドの互除法が力を発揮することになります.

　三つの整数 a, b および c の最大公約数は, 先に a, b の最大公約数を求め, それと c の最大公約数を求めればよいことになります. また三つの整数 a, b および c の最小公倍数は, 先に a, b の最小公倍数を求め, それと c の最小公倍数を求めればよいことになります.

　ひとつの例として三つの整数 3850, 6545 および 6435 の最大公約数, および最小公倍数を求めてみましょう. なおこれらの数は, 以下のように素因数分解されます.

$$3850 = 2 \cdot 5^2 \cdot 7 \cdot 11$$
$$6545 = 5 \cdot 7 \cdot 11 \cdot 17$$
$$6435 = 3^2 \cdot 5 \cdot 11 \cdot 13$$

二つの数 3850 と 6545 の最大公約数は

$$5 \cdot 7 \cdot 11 = 385$$

ですが，これと 6435 の最大公約数は

$$5 \cdot 11 = 55$$

となり，よって三つの数の最大公約数が求められます．
つぎに 3850 と 6545 の最小公倍数は

$$2 \cdot 5^2 \cdot 7 \cdot 11 \cdot 17 = 65450$$

ですが，これと 6435 の最小公倍数は

$$2 \cdot 3^2 \cdot 5^2 \cdot 7 \cdot 11 \cdot 13 \cdot 17 = 7657650$$

となり，よって三つの数の最小公倍数が求められます．
もちろん，今のように三つの数が既に素因数分解されている場合においては，それぞれの素因数をもとに直ちに最大公約数および最小公倍数が求められます．

2.2 合同式へのご案内

この節においては，合同式というものについての基本的な事項の説明をしておきたいと思います．
まずは合同式の例を見てみましょう．
30 を 4 で割ったときの余りは 2 ですから 30 − 2 は 4 で割り切れるので，記号 ≡ を用いた式により

$$30 \equiv 2 \bmod 4$$

と書かれます．また 31 を 7 で割ったときの余りは 3 ですから

$$31 \equiv 3 \bmod 7$$

と書かれます．なお mod はモッドまたはモジュロと呼び，式全体としては，
"31 合同 3 モッド（またはモジュロ）7"，と読みます．

　一般的にはつぎのようになります．

　m を自然数とします．二つの整数 a と b の差が m の整数倍であるとき，
a は m を法として b と合同であるといい

$$a \equiv b \bmod m$$

と書き表されます．この式は，合同式と呼ばれるものです．式の意図すると
ころですが，a を m で割ったとき，商ではなく，その余りである b に注目す
る，と考えればわかりやすいでしょう．

　さらに余りが同じとなる数は "同じ数" として扱われ，$\equiv$ で結ばれること
になります．

　たとえば，$38, 31, 17$ を 7 で割ると余りはいずれも 3 ですから，これら 3
個の数は mod7 において "同じ数" となり，$\equiv$ で結ばれて，$38 \equiv 31 \equiv 17 \equiv 3 \bmod 7$ と表されます．

　つぎに，たとえば $23 \equiv -2 \bmod 5$ ですが，この式はまた $23 \equiv 3 \bmod 5$ と
表されます．そして 89 については，$89 \equiv 17 \cdot 5 + 4 \equiv 4 \bmod 5$ となります．

　二つの合同式について，$a \equiv b \bmod m$, $b \equiv c \bmod m$ であれば，
$a \equiv c \bmod m$ となります．

　つぎに，$a \equiv b \bmod m$, $c \equiv d \bmod m$ であれば，以下が成り立ちます．

$$a + c \equiv b + d \bmod m \qquad a - c \equiv b - d \bmod m$$
$$ac \equiv bd \bmod m \qquad a^j \equiv b^j \bmod m \quad (j = 1, 2, 3, \cdots)$$

たとえば mod4 の二つの合同式

$$823 \equiv 3 \bmod 4 \qquad 417 \equiv 1 \bmod 4$$

から

$$823 \cdot 417 \equiv 3 \cdot 1 \equiv 3 \bmod 4$$

$$823 - 417 \equiv 3 - 1 \equiv 2 \bmod 4$$

となります.

　ところで，ある自然数を m で割ったときの余りは $0, 1, 2, 3, \cdots, m-1$ の
いずれかになります. 同じように，自然数を奇素数（2 を除く素数を言いま
す）p で割ったときの余りは $0, 1, 2, 3, \cdots, p-1$ のいずれかになります. で
すからたとえば，整数を素数 11 で割ったときの余りの集合は

$$\{ \quad 0, 1, 2, 3, 4, 5, 6, 7, 8, 9, 10 \quad \}$$

ですが，これを絶対値が最小となる余りの集合で書けば

$$\{ \quad 0, \pm 1, \pm 2, \pm 3, \pm 4, \pm 5 \quad \}$$

となります.

　ここで合同式を用いた例として，ひとつの定理を挙げておきましょう.
　素数に関する定理のなかには，合同式を用いたウイルソンの定理というも
のがあります.
　「ウイルソンの定理　p を素数とするとき

$$(p-1)! \equiv p - 1 \bmod p$$

が成り立つ」
　たとえば素数 7 について調べてみると

$$(7-1)! \equiv 6! \equiv 6 \cdot 5 \cdot 4 \cdot 3 \cdot 2 \cdot 1$$

$$\equiv 720 \equiv 102 \cdot 7 + 6 \equiv 6 \equiv 7 - 1 \bmod 7$$

となり，定理のとおりであることが確かめられます.
　ところで今の式において，二つの数を組み合わせると

$$\equiv (6 \cdot 1)(5 \cdot 3)(4 \cdot 2) \equiv 6 \cdot 1 \cdot 1 \equiv 7 - 1 \bmod 7$$

となります．ここでは最初の項は $6 \cdot 1 \equiv 6 \bmod 7$，2 番目の項は $5 \cdot 3 \equiv 15 \equiv 1 \bmod 7$，そして 3 番目の項は $4 \cdot 2 \equiv 8 \equiv 1 \bmod 7$，となることに注意します．

今の素数 7 の場合については上記のとおりですが，素数 p について述べた定理の式に関してはつぎのようになります．

二つの数の積について，最初の項は $(p-1) \cdot 1 \equiv p-1 \bmod p$ となります．詳しくは述べませんが，その他の項 $p-2, p-3, \cdots, 3, 2$ については二つの数字を適宜組み合わせることにより，すべての項が $1 \bmod p$ となるのです．したがってもとの $(p-1)!$ は $\equiv p-1 \bmod p$ で表されることになります．

この定理を用いることにより，ある整数が素数であるか否か，を確かめることができることになります．たとえば整数 13 について，$(13-1)!$ は

$$12 \cdot 11 \cdot 10 \cdot 9 \cdot 8 \cdot 7 \cdot 6 \cdot 5 \cdot 4 \cdot 3 \cdot 2 \cdot 1 = 479001600$$

であることから，この数字を 13 で割ると，商は 36846276 で余りは $12 = 13-1$ となるので，ウイルソンの定理により 13 は素数であることがわかります．

念のために，今の素数 13 についても定理の式どおりであることを確認しておきます．初めに $12 \cdot 1 \equiv 12 \bmod 13$ であり，また他の項については二つの数を組み合わせることにより，$11 \cdot 6 \equiv 10 \cdot 4 \equiv 9 \cdot 3 \equiv 8 \cdot 5 \equiv 7 \cdot 2 \equiv 1 \bmod 13$ となっていることがわかります．

そうは言っても今の 13 程度の数ならともかく，ある大きな数が素数であるかどうかをこの定理を用いて確かめようとすると，階乗！したときの数の桁数があまりにも大きくなり過ぎて，計算がそれほど容易ではないことも考えられます．ウイルソンの定理によって素数の判定を行おうとする場合には，このような問題があることに注意を要します．

2.3 平方剰余記号とは？

　この節では，平方剰余記号というものについて説明をしておきます．この記号は以降においてさまざまな場面で用いられますので，ぜひとも使い慣れていただきたいと思います．

　奇素数 p（素数のうち，2 を除きます）と，p と素である整数 a の関係について考えます．合同式

$$x^2 \equiv a \bmod p$$

を満たす整数 x が存在するとき，a は法 p の平方剰余であり

$$\left(\frac{a}{p}\right) = 1$$

と書き表します．またこの合同式を満たす整数 x が存在しないときには，a は法 p の平方非剰余であり

$$\left(\frac{a}{p}\right) = -1$$

と書き表します．とくに p と a が素でないとき，すなわち a が p の倍数であるときには

$$\left(\frac{a}{p}\right) = 0$$

と書き表します．平方剰余，平方非剰余はこのように定められます．

　ここで平方とは整数の平方，つまり x の 2 乗から，また剰余とは x^2 を p で割ったときの余り a から来ています．そして記号 $\left(\ \ \right)$ は，平方剰余記号，またはルジャンドルの記号と呼ばれているものです．

　例を見てみましょう．

　素数 3 と整数 1 に関しては，整数 2 の平方を用いた合同式 $2^2 \equiv 1 \bmod 3$ が成り立ちます．他方で整数 2 に関しては $x^2 \equiv 2 \bmod 3$ を満たす整数 x はありません．したがって

$$\left(\frac{1}{3}\right) = 1, \qquad \left(\frac{2}{3}\right) = -1$$

となります．この後者については，つぎのことからわかります．

　任意の整数は，$n = 0, 1, 2, \cdots$ として $3n, 3n+1$ または $3n+2$ のいずれかで表されます．このとき $(3n)^2 \equiv 0 \bmod 3$ となり，また $(3n+1)^2 = 3(3n^2 + 2n) + 1$，および $(3n+2)^2 = 3(3n^2 + 4n + 1) + 1$ となって，後の二つのいずれの場合も $1 \bmod 3$ となります．ですからどんな整数でもその 2 乗が $2 \bmod 3$ となることはあり得ない，ということが確かめられます．

　平方剰余，平方非剰余については，つぎのようにも考えられます．
　整数 a は，奇素数 p と素であるものとします．
　p の整数倍（n 倍）と a の和が，ある整数 x の平方数 x^2 になるとき，つまり

$$pn + a = x^2$$

が成り立てば，a は p の平方剰余であるといい，またこのような式が成り立たないときには平方非剰余であるといい，この場合 $\left(\dfrac{a}{p} \right)$ の値をそれぞれ 1 または -1 で表します．

　要するに，素数 p と整数 a が与えられたとき，$pn + a$ に等しい整数の 2 乗 x^2 が存在するかどうかが問題になるのです．ただこのとき，p と a の関係が問われるだけであり，整数 n や x は平方剰余記号 $\left(\right)$ による式のなかでは現れないことになります．

　例えば素数 7 に関して $7 \cdot 5 + 1 = 6^2$，$7 \cdot 1 + 2 = 3^2$，および $7 \cdot 3 + 4 = 5^2$ が成り立つので，$1, 2$ および 4 は 7 の平方剰余で

$$\left(\frac{1}{7} \right) = 1, \quad \left(\frac{2}{7} \right) = 1, \quad \left(\frac{4}{7} \right) = 1$$

であることがわかります．つぎに整数 $3, 5, 6$ については，このような式が成り立たないことにより

$$\left(\frac{3}{7} \right) = -1, \quad \left(\frac{5}{7} \right) = -1, \quad \left(\frac{6}{7} \right) = -1$$

となることがわかります．
　少し補足説明をしておきます．
　任意の整数を 7 で割った剰余 b は 0，± 1，± 2，± 3 のいずれかです．ここ

で整数 $7n + b$ について $(7n + b)^2 = 7(7n^2 + 2nb) + b^2$ ですから，mod 7 において $(7n + b)^2 \equiv b^2$ となります．そこで 0 を除くそれぞれの場合を調べてみると，$(\pm 1)^2 \equiv 1 \bmod 7$，$(\pm 2)^2 \equiv 4 \bmod 7$，そして $(\pm 3)^2 \equiv 2 \bmod 7$ となります．よって $1, 2, 4$ は法 7 の平方剰余であること，およびその他の $3, 5, 6$ は平方非剰余であることがわかります．

以上のように素数 7 に関し $\left(\dfrac{a}{7} \right) = 1$ または $\left(\dfrac{a}{7} \right) = -1$ となる場合が，同数の 3 個ずつとなっています．このことは素数 7 に限らず，すべての奇素数について言えることです．すなわち平方剰余の値は，1 になる場合と -1 となる場合のそれぞれの個数は同じになります．

平方剰余記号については，これを用いることによりさまざまなことが明らかになるなど，数論においては重要な事項になっています．

たとえば素数 p と整数 -1 について，平方剰余記号を用いてつぎのように表されます．

4 で割ると 1 余る素数 $p, (\equiv 1 \bmod 4)$ は

$$\left(\frac{-1}{p} \right) = 1$$

となります．たとえば 5 や 13 などの素数が，これに該当します．実際にこのときにはそれぞれ合同式 $2^2 \equiv -1 \bmod 5$ および合同式 $5^2 \equiv -1 \bmod 13$ が成り立ちます．つぎに 4 で割ると 3 余る素数 $p, (\equiv 3 \bmod 4)$ は

$$\left(\frac{-1}{p} \right) = -1$$

となります．たとえば 7 や 11 などの素数が，これにあたります．この場合 4 で割ると 1 余る素数のときのような合同式はありません．

上で述べたように，素数 p を 4 で割ったときの余りによって，（整数の 2 乗の有無がもとになる）平方剰余記号が定まる，ということが言えるのです．p を 4 で割った余りと平方剰余記号とは別の事項ではあるのですが，二つの間には実はこのような関係があるのです．そして，これをもとに新たな議論が展開されるのですが，これについては後の章で詳しく見ていきます．

2.4　ガウス整数とガウス素数の世界

　普段，私達が使っている整数 $\cdots, -2, -1, 0, 1, 2, \cdots$ とは別に，ここにガウス整数というものを導入します．

　a および b を通常用いられている整数とするとき，複素数で表される $a + bi$ を，ガウス整数と呼んでいます．i は虚数単位であり，$i = \sqrt{-1}$ で表されます．なおより明確にするために，これまでに使っていた通常の整数を，有理整数と言うことがあります．また同じように，これまでに素数と呼んでいた $2, 3, 5, \cdots$ に対して，$\pm 2, \pm 3, \pm 5, \cdots$ を有理素数と呼んでいます．この場合には，マイナス符号の素数も含まれます．そして通常の整数（有理整数）のなかに素数があるように，ガウス整数の世界においても素数があるのですが，これをガウス素数と言います．

　ところで，ガウス整数は有理整数の場合と同じように，加減乗除の四則演算ができます．ここでは，それを確かめておきましょう．

$$(a + bi) + (c + di) = (a + c) + (b + d)i$$
$$(a + bi) - (c + di) = (a - c) + (b - d)i$$
$$(a + bi)(c + di) = (ac - bd) + (ad + bc)i$$

右辺の結果は，すべて $a + bi$ の形，すなわちガウス整数で表されています．ただし割算については，少し様子が異なってきます．

$$\frac{a + bi}{c + di} = \frac{a + bi}{c + di} \cdot \frac{c - di}{c - di} = \frac{ac + bd}{c^2 + d^2} + \frac{-ad + bc}{c^2 + d^2}i$$

　ガウス整数の加減乗はガウス整数になるのですが，上のように，ガウス整数の割算はガウス整数になるとは限りません．このように分数を用いた形によって表される場合があることは，有理整数の場合と同じと言えます．

　つぎにガウス整数に関する基本的な事項について，ここで確認をしておきたいと思います．

　定理（素数による整除）については既に述べたところです．すなわち整数

$m,\ n$ の積 mn が素数 p で割り切れるのであれば，$m,\ n$ のうち少なくとも
ひとつは p で割り切れます．たとえば，112 は素数 7 で割り切れるのです
が，この場合 $112 = 8 \times 14$ であり，8 と 14 のうち，少なくともひとつは 7
で割り切れます．実際，今の場合では 14 が 7 で割り切れます．

　そして同じことが，ガウス整数についても言えるのです．すなわち，つぎ
の定理が成り立ちます．

　「定理（ガウス素数による整除）

　二つのガウス整数 $m = c+di$ および $n = e+fi$ の積 $mn = (c+di)(e+fi)$
がガウス素数 $p = a+bi$ で割り切れるのであれば，$m,\ n$ のうち少なくとも
ひとつはガウス素数 p で割り切れる」

　整数のなかにおける 1 の約数を単数と言います．有理整数の単数には 1 と
-1 があります．

　そしてガウス整数についても，同じように 1 の約数を単数と言いますが，
この場合においては，1，-1，i，$-i$ の 4 個の単数があります．

　前にも述べたように，素数は 1 とその数自体を除くと約数をもたない数の
ことですが，同じようにこれをガウス素数について言えば，単数とその単数
倍，およびその数自体を除くと，約数をもたない数ということになります．

　素因数分解について考える場合においては，この単数との関係について明
確にしておく必要があります．

　素因数分解については，つぎの定理が成り立つのでした．

　「定理（素因数分解の一意性）

　任意の正の整数は，順序を考えなければ，ただ一通りの方法で素数の積で
表される」

　これについては，ガウス整数についても同じことが言えます．

　ここで，先程の単数に関連して，注意しておきたいことがあります．有
理整数の場合には，たとえば $10 = 2 \times 5$ と素因数分解されるのであり，
$10 = 1 \times 2 \times 5$ とはしません．素因数分解に際しては，単数倍については
考慮しないのです．これと似たことが，ガウス整数についてもあてはまりま

す．すなわちガウス整数の素因数分解の場合にも，その単数倍は考慮しないのです．ですから素因数分解の一意性に関するガウス整数についての定理は，つぎのようになります．

「定理（ガウス整数の素因数分解の一意性）

任意のガウス整数は，順序および単数倍を考えなければ，ただ一通りの方法でガウス素数の積で表される」

たとえばガウス整数 $1 + 3i$ は

$$1 + 3i = (1 + i)(2 + i)$$

と素因数分解されます．このときのガウス整数 $1 + i$ および $2 + i$ は，いずれもガウス素数です．

ここで，たとえば上の式で見られる $1 + i$ がガウス素数であることは，つぎのようにして示されます．

$1 + i$ が

$$1 + i = (a + bi)(c + di)$$

と分解されるものとします．ここで $a, b, c.d$ はいずれも有理整数です．この式からは虚部の符号を変えた

$$1 - i = (a - bi)(c - di)$$

が得られます．そこで，このときの a, b, c, d を求めます．

今の二つの式を掛けると

$$2 = (a^2 + b^2)(c^2 + d^2)$$

となるので

$$a^2 + b^2 = 1, \qquad c^2 + d^2 = 2$$

または

$$a^2 + b^2 = 2, \qquad c^2 + d^2 = 1$$

の 2 組の a, b, c, d の組み合わせによる解が得られます．前者のとき，たと

えば

$$a = \pm 1, \quad b = 0, \quad c = \pm 1, \quad d = \pm 1$$

となりますが,この場合の $a + bi$ は単数となります.そしてその他の解の場合について調べてみても,同じようになることがわかります.ですから今の場合,$1 + i$ を分解したときには単数を掛けた数となっているに過ぎないことになります.

上で述べたガウス整数 $1 + 3i$ に単数を掛けていくと,式はつぎのようになります.

$$1 + 3i = (1 + i)(2 + i) = (1 + i)(-i) \cdot (2 + i)i$$
$$= (-i + 1)(2i - 1) = (1 - i)(-1 + 2i)$$

このように,ガウス整数 $1 + 3i$ の分解を表す方法としては複数あるのですが,単数倍した項が含まれているので,素因数分解としては同じということになります.

ガウス整数,ガウス素数という数学の世界に入ってきましたが,それを使うことによって何か新たな展開が期待されるのでしょうか.

実は,分解されないはずの素数ですが,これが普通の整数ではなく,ガウス整数の世界においては,分解されることがあるのです.たとえば素数 5 は

$$5 = (1 + 2i)(1 - 2i)$$

と書き表されます.実は,5 のような $1 \bmod 4$ の素数は,このように二つのガウス素数に分解されて表されるのです.つまりここに見られる $1 + 2i$ および $1 - 2i$ は,いずれもガウス素数になっています.これに対して $3 \bmod 4$ の素数は,ガウス整数の世界においてはガウス素数になり,分解されることはありません.たとえば素数 $3, 7, 11, 19, 23$ などは,ガウス整数の世界においてもガウス素数であり,これ以上には分解されません.なお上で述べた $1 + 2i, 1 - 2i$ の他に,たとえば $4 + i, 3 + 2i, 5 + 2i$ などもガウス素数に挙げられます.そして普通の素数の場合と同じように,ガウス素数の個数も無限

となります.

　このように素数を mod4 によって分けたとき，ガウス整数の世界にまで踏み入れると分解される様子が異なってくるという，不思議な現象が現れてくるのです．これに関しては後の第 4 章において，さらに詳しく見ていきたいと思います.

第3章

基本となる定理

3.1 問題の解決に向けて

少し唐突になるかもしれませんが，ここで x を整数とする 2 次式 $x^2 + 1$ について考えてみます．すなわち，この式において $x = 1, 2, 3, \cdots$ とおいた場合について，その素因数分解の様子を見てみたいと思います．

$$1^2 + 1 = 2 \qquad 2^2 + 1 = 5 \qquad 3^2 + 1 = 2 \cdot 5$$

$$4^2 + 1 = 17 \qquad 5^2 + 1 = 2 \cdot 13 \qquad 6^2 + 1 = 37$$

$$7^2 + 1 = 2 \cdot 5^2 \qquad 8^2 + 1 = 5 \cdot 13 \qquad 9^2 + 1 = 2 \cdot 41$$

$$10^2 + 1 = 101 \qquad 11^2 + 1 = 2 \cdot 61 \qquad 12^2 + 1 = 5 \cdot 29$$

今の場合において，素因数に分解したときに現れる素数は

$$2, \quad 5, \quad 13, \quad 17, \quad 29, \quad 37, \quad 41, \quad 61, \quad 101, \quad \cdots$$

などとなっています．そこで，ここで現れた素数を注意深く眺めてみましょう．すると $x^2 + 1$ の素因数分解においては，それが偶数の場合には 2 が見られるのですが，2 以外の数は，すべてが $4n + 1$, $(n = 0, 1, 2, \cdots)$ で書かれる素数であるように思われます．たとえば $5 = 4 \cdot 1 + 1$, $13 = 4 \cdot 3 + 1$, および $37 = 4 \cdot 9 + 1$ などにおいては，確かにそのようになっています．ところが，上の例において見られる限りでは，$4n + 3$ で書かれる素数

$$3, \quad 7, \quad 11, \quad 19, \quad 23, \quad 31, \quad 43, \quad 47, \quad 51, \quad \cdots$$

は現れてはいません．

それでは同じような計算をさらに続けた場合でも，上で述べたように $4n + 1$ の形の素数だけが出現するということは，果たしてそのとおりであ

る，と明確に言えるのでしょうか．それを確かめるためには，さらによく調べ，そして議論を進めていくことが必要になってきます．

　先に，結論を述べておきましょう．すなわち，x を整数とする 2 次式 $x^2 + 1$ の素因数分解においては，2 および $4n + 1$ で表される素数だけが現れて，$4n + 3$ で表される素数は現れない，というのはまさにその通りであり正しいのです．少し不思議な気がしないわけではないのですが．

　そこで以降においては，この問題についてじっくりと考察を進めていきたいと思います．

　ところで前の章でも見てきましたが，素数は確かに散らばって存在しているように思われます．しかしばらばらに在るとは言え，素数に関してはさまざまな定理があるわけであり，もちろんですが，素数はそのような定理にしたがうことになるのです．

　この章においては，そのなかから素数に関する基本的な定理についてとり上げることにします．これらの定理は，上で述べた問題（$x^2 + 1$ において $x = 1, 2, 3, \cdots$ とおいて素因数分解すると，2 と $4n + 1$ の形の素数だけが現れる）についての議論を進めていくうえで，必要となるものばかりです．さらにそれらの定理は，さまざまな場面で，私たちに興味深い結果を明らかにしてくれることにもなるのです．

　このような事情のなか，以降においては 3 人の数学者，フェルマー，オイラー，そしてガウスによる素数に関するいくつかの定理について説明をしていきます．フェルマーは 17 世紀に，オイラーは 18 世紀に，そしてガウスは 18 世紀から 19 世紀にかけて活躍した，まさに偉大な数学者です．

　ここで述べる定理は基本的なものであると同時に，とても大切なものとして扱われているものばかりです．定理と言うとやや固いイメージを想像されるかもしれませんが，できる限り例も挙げながら説明していきますので，気楽に読み進めていただきたいと思います．そして，定理が意味するところの理解を深めていただければと思っています．

3.2 フェルマーの小定理とは？

最初に，フェルマーの小定理というものについて説明をしておきたいと思います．これは後においても用いられる，基本的な定理と言えるものです．

まずは合同式で書かれるこの定理の，具体的な例を見るところから始めましょう．

$3^4 = 81$ を素数 5 で割ると，商は 16 で余りは 1 ですから，$3^4 \equiv 1 \bmod 5$ となります．また $5^6 = 15625$ を素数 7 で割ると，商は 2232 で余りは 1 ですから，$5^6 \equiv 1 \bmod 7$ となります．

そこで上の二つの合同式を，$3^{5-1} \equiv 1 \bmod 5$，および，$5^{7-1} \equiv 1 \bmod 7$ と書き直しておきます．

ここでは上の合同式において見られるように，べきの $5-1$ または $7-1$ が，それぞれ素数 5 または素数 7 で書かれていることに注目します．すなわち素数 p に対して $\bmod p$ の場合，べきは $p-1$ で書かれています．

これを一般的にしたのが，フェルマーの小定理と呼ばれているものです．

「フェルマーの小定理　　整数 a と素数 p が素の関係であれば

$$a^{p-1} \equiv 1 \bmod p$$

が成り立つ」

二つの整数が素であるとは，1 以外には公約数をもたない，ということです．

フェルマーの小定理を用いた応用例をひとつ挙げておきましょう．

ここでは 3^{1000} を 7 で割ったときの余りを求めてみます．今の場合，3 と 7 は素の関係にあります．

この定理により，$3^6 \equiv 3^{7-1} \equiv 1 \bmod 7$ となります．そして $1000 = 6 \cdot 166 + 4$ ですから

$$3^{1000} \equiv 3^{6 \cdot 166 + 4} \equiv (3^6)^{166} \cdot 3^4 \equiv 1^{166} \cdot 81 \equiv 7 \cdot 11 + 4 \equiv 4 \bmod 7$$

となります．したがって 3^{1000} を 7 で割ったときの余りは，4 となることがわかります．

　ところで，このフェルマーの小定理は以下のようにして示されます．定理の証明に際しては，少し工夫をしながら進めていきます．

　$m_1, m_2, \cdots$ を整数とするとき，よく知られている公式により $(m_1 + m_2)^2 = m_1^2 + 2m_1 m_2 + m_2^2$ となります．この右辺の第 2 項は 2 の倍数ですから，mod2 の合同式で書いたときには最初と最後の項だけが残り

$$(m_1 + m_2)^2 \equiv m_1^2 + m_2^2 \bmod 2$$

となります．また左辺を 3 乗した $(m_1 + m_2)^3$ についても，mod3 の場合にはやはり最初と最後の項である m_1^3 と m_2^3 だけが残ることが確かめられます．

　さらに一般的には，合同式

$$(m_1 + m_2)^p \equiv m_1^p + m_2^p \bmod p$$

が成り立ちます．これは $(m_1 + m_2)^p$ を展開したとき，最初と最後の項である m_1^p と m_2^p を除けば，その他の項はすべて p で割り切れることによります．

　そこで，先にこれについて確かめておきたいと思います．

　なお以降で使われている記号 $_pC_r$ についてですが，異なる p 個のものから順序を問わないで r 個選ぶときの組み合わせの総数を表しています．ですから，別の表現を使えば $\dfrac{p!}{(p-r)! \cdot r!}$ と書き表されます．なお文献によっては，これとは異なる表示を用いることがあります．

　$(m_1 + m_2)^p$ は二項定理により

$$(m_1 + m_2)^p = m_1^p + {}_pC_1 m_1^{p-1} m_2 + {}_pC_2 m_1^{p-2} m_2^2 + \cdots + {}_pC_{p-1} m_1 m_2^{p-1} + m_2^p$$

と展開されて書き表されます．このとき右辺の第 1 項と最後の項を除いたその他の項の係数（二項係数）について

$$_pC_r = \frac{p(p-1)(p-2)\cdots(p-r+1)}{r(r-1)\cdots 2 \cdot 1} \qquad (r = 1, 2, \cdots, p-1)$$

は p 個から r 個をとる組み合わせの総数であり，整数となります．ここで，分子には p が含まれるのですが，分母に見られる $r, r-1, \cdots, 2$ はこの p を割り切らないので，整数 $_pC_r$ は p の倍数となることがわかります．したがっ

てこれらの項は $\bmod p$ において 0 となり，よって（$\bmod p$ では）最初と最後の項である m_1^p と m_2^p だけが残って，上の一般的な合同式の成り立つことがわかります．

たとえば素数を $p = 7$ として，$r = 4$ の場合を見ると

$$_7C_4 = \frac{7 \cdot 6 \cdot 5 \cdot 4}{4 \cdot 3 \cdot 2 \cdot 1} = 35$$

は確かに 7 の倍数になっています．それは分子にある 7 が分母にある 4，3，または 2 によって割り切れないためです．r が 6，5，3，2 の場合も同様に，7 の倍数であることがわかります．

つぎに今の式で，m_2 の代わりに $m_2 + m_3$ とおけば

$$(m_1 + m_2 + m_3)^p \equiv m_1^p + (m_2 + m_3)^p \equiv m_1^p + m_2^p + m_3^p \bmod p$$

となります．同じような計算を繰り返して，$m_1, m_2, \cdots, m_a$ までの a 個の和について考えると

$$(m_1 + m_2 + \cdots + m_a)^p = m_1^p + m_2^p + \cdots + m_a^p \bmod p$$

となります．そこで，この式において $m_1 = m_2 = \cdots = m_a = 1$ とおけば

$$a^p \equiv a \bmod p$$

となることがわかります．よって

$$a(a^{p-1} - 1) \equiv 0 \bmod p$$

となります．これにより $a(a^{p-1} - 1)$ は p で割り切れることになるのですが，a と p は素であるので，$(a^{p-1} - 1)$ が p で割り切れて

$$a^{p-1} - 1 \equiv 0 \bmod p$$

すなわち

$$a^{p-1} \equiv 1 \bmod p$$

が成り立つことになります．これによって，フェルマーの小定理が示されました．

　実はフェルマーの小定理を一般化した場合の，つぎのオイラーの定理があります．

　「オイラーの定理　　自然数 n と整数 a が素の関係であれば

$$a^{\varphi(n)} \equiv 1 \bmod n$$

が成り立つ」

　この式で n が素数 p であれば，$\varphi(p) = p - 1$ ですから，これはフェルマーの小定理ということになります．なおここでは，オイラーの定理についての証明については省略します．

　ここで用いられているオイラー関数 $\varphi(n)$ については第 1 章でもふれましたが，自然数 $1, 2, \cdots, n$ のうち，n と互いに素となる自然数の個数を表しています．ですから n が素数 p の場合には $1, 2, \cdots, p - 1$ はすべて p と素ですから，$\varphi(p)$ は $p - 1$ になります．

　オイラーの定理において，たとえば $a = 7, n = 3$ とすれば $7^{\varphi(3)} \equiv 1 \bmod 3$ となります．実際にこの場合 $\varphi(3) = 2$ ですから，簡単な計算によって $7^{\varphi(3)} \equiv 7^2 \equiv 49 \equiv 16 \cdot 3 + 1 \equiv 1 \bmod 3$ であることが確かめられます．

　フェルマーの小定理に対してよく知られているのが，「3 以上の自然数 n に対し $x^n + y^n = z^n$ を満たす自然数 x, y, z は存在しない」というフェルマーの大定理（フェルマーの最終定理とも言います）です．$n = 2$ の場合はもちろん三平方の定理となります．ところが，n を自然数とする一般的な場合についてはその証明がかなり難しいことから，長い間，未解決の問題として残されていました．しかるに，フェルマーによって提起されてから 350 年以上経た 1994 年になって，この問題はアンドリュー・ワイルズによって証明がなされ，これにより最終的に解決されたのでした．

　フェルマーは 1601 年生まれの，フランスの数学者です．弁護士であった彼は，数学にも興味を持ち，特に整数論の分野において熱心に取り組んだのでした．

　フェルマーの大定理の問題の解決に向けては，多くの数学者の努力の積み重ねがあったのですが，それによって，素数，整数についての研究が大きく

進展し，数多くの成果につながることにもなりました．フェルマーは近代的な整数論の発展のための先駆者でもあったのです．

3.3 ガウスの補助定理について

前の章において，平方剰余，平方非剰余について説明をしましたが，これを用いたいくつかの大切な定理があります．この節ではそのなかから，素数に関するガウスの補助定理について順を追って説明していきます．

素数 p と整数 g が素であるとき，$\bmod p$ に関して $p-1$ 乗して初めて 1 となる g が存在します．つまり合同式では

$$g^{p-1} \equiv 1 \bmod p$$

となります．この g を，p を法とする原始根と呼んでいます．

たとえば，$p = 7$ の場合について，g の候補として 3 のべきについて順に調べてみると

$$3 \equiv 3 \bmod 7$$
$$3^2 \equiv 9 \equiv 7 + 2 \equiv 2 \bmod 7$$
$$3^3 \equiv 27 \equiv 7 \times 3 + 6 \equiv 6 \bmod 7$$
$$3^4 \equiv 81 \equiv 7 \times 11 + 4 \equiv 4 \bmod 7$$
$$3^5 \equiv 243 \equiv 7 \times 34 + 5 \equiv 5 \bmod 7$$
$$3^6 \equiv 729 \equiv 7 \times 104 + 1 \equiv 1 \bmod 7$$

となります．つまり順にべき乗の計算をしていくと，3 は $6,(= 7-1)$ 乗して初めて 1 になり

$$3^{7-1} \equiv 1 \bmod 7$$

であることから，3 は 7 を法とする原始根であることがわかります．また同じようにして調べてみると，5 も 7 を法とする原始根であることがわかります．

つぎに 4 に関して調べてみると　$4^{7-1} \equiv 4^6 \equiv 4096 \equiv 585 \times 7 + 1 \equiv$ $1 \bmod 7$ となり，確かに 4 を 6 乗すれば 1 になります．しかし $4^3 \equiv 64 \equiv$ $9 \times 7 + 1 \equiv 1 \bmod 7$ となって 3 乗したときに既に 1 になるのであり，したがって 4 は 7 の原始根ではありません．もちろん 4^3 を 2 乗すれば，上記のとおり $(4^3)^2 \equiv 4^6 \equiv 1 \bmod 7$ になります．

ここで注意しておきたいことがあります．整数 a と素数 p が素であれば，先に述べたようにフェルマーの定理により $a^{p-1} \equiv 1 \bmod p$ となります．しかしながら a を $p-1$ 乗しなくても，その前に，既に $1 \bmod p$ となる場合があるのです．このような場合には，a を原始根とは呼んではいないのです．

ところで上で見たように，$\bmod 7$ における 3^n は $n = 1, 2, \cdots, 6$ とおけば順に $3, 2, 6, 4, 5, 1$ となり，1 から 6 までの数が 1 回ずつ現れるのでした．続いて 3^n において順に $n = 7, 8, \cdots, 12$ とした場合の計算ををしてみると，同じように順に $3, 2, 6, 4, 5, 1$ となって現れることがわかります．これについては $3^n \equiv a \bmod 7$ であれば $3^6 \equiv 1 \bmod 7$ を適用すると

$$3^{n+6} \equiv a \bmod 7$$

となることによりわかります．この式については，二つの合同式 $k \equiv l \bmod m$ および $i \equiv j \bmod m$ であれば $ki \equiv lj \bmod m$ が成り立つ，ということによります．

つぎに 7 と素である任意の整数（すなわち 7 の倍数でない整数）b は，n を適宜とることにより（ただし，$n = 1, 2, \cdots, 6$）

$$b \equiv 3^n \bmod 7$$

で表されることに注意します．たとえば $b = 100$ の例では $100 \equiv 7 \times 13 + 9 \equiv$ $9 \equiv 3^2 \bmod 7$ ですから，この場合には $n = 2$ となります．

一般的には，つぎのように表されます．

g が素数 p を法とする原始根であるとき，p と素である任意の整数 b に対して

$$b \equiv g^n \bmod p$$

を満たす整数 n，$(n = 1, 2, \cdots, p-1)$ が存在します.

つぎは，いよいよガウスの補助定理の説明に入っていきます．この定理の内容は，以下のようなものです．

「ガウスの補助定理　　p を奇素数とし，整数 a は p と互いに素の関係にあるものとする．このとき g を法 p に関する原始根として $a \equiv g^n \bmod p$ とすれば，この n を用いた式

$$\left(\frac{a}{p}\right) = (-1)^n$$

が成り立つ」

この定理には，平方剰余記号 $\left(\dfrac{a}{p}\right)$ が用いられています.

平方剰余記号については第 2 章で説明しましたが，ここで少し復習をしておきましょう.

奇素数 p と，p と素である整数 a について，合同式 $x^2 \equiv a \bmod p$ を満たす整数 x が存在するのであれば，a は法 p の平方剰余であり，$\left(\dfrac{a}{p}\right) = 1$ と書き表します．これに対して，合同式 $x^2 \equiv a \bmod p$ を満たす整数 x が存在しないときには，a は法 p の平方非剰余であり，$\left(\dfrac{a}{p}\right) = -1$ と書き表します.

ところで，n が偶数 $2k$ であれば $a \equiv g^{2k} \bmod p$ すなわち

$$(g^k)^2 \equiv a \bmod p$$

であることにより a は法 p の平方剰余であり，$\left(\dfrac{a}{p}\right) = 1$ となります．また n が奇数の場合においては，このような式の形によっては表せないので a は法 p の非剰余であり，$\left(\dfrac{a}{p}\right) = -1$ となります.

以上のことから，ガウスの補助定理の成り立つことがわかります.

ガウスの補助定理を適用した例を挙げておきましょう.

先ほど見たように，3 は 7 を法とする原始根となるのでした．このとき 7 と素である整数 a について，$a \equiv 3^n \bmod 7$ とすれば

$$\left(\frac{a}{7}\right) = (-1)^n$$

となります.

　たとえば $a = 76 = 10 \cdot 7 + 6$ とすれば, このときの 6 は前で述べたように $6 \equiv 3^3 \bmod 7$ となるのでした. すなわちこの場合には, ガウスの補助定理において $n = 3$ にあたりますから, $\left(\dfrac{76}{7} \right) = (-1)^3 = -1$ となります.

3.4　オイラーの規準とは？

　続いてこの節においては, オイラーの規準というものについて説明をしていきます.

　整数 a と奇素数 p が素の関係にあるとき, $(a^{\frac{p-1}{2}})^2$ はフェルマーの小定理を用いて

$$(a^{\frac{p-1}{2}})^2 \equiv a^{p-1} \equiv 1 \bmod p$$

ですから

$$(a^{\frac{p-1}{2}})^2 - 1 \equiv 0 \bmod p$$

すなわち

$$(a^{\frac{p-1}{2}} + 1)(a^{\frac{p-1}{2}} - 1) \equiv 0 \bmod p$$

となります. よってこの合同式から

$$a^{\frac{p-1}{2}} \equiv \pm 1 \bmod p$$

となることがわかります.

　つぎに g を p に関する原始根とするとき, g は $p-1$ 乗して初めて 1 になる, したがって $g^{\frac{p-1}{2}} \not\equiv 1 \bmod p$ ですから

$$g^{\frac{p-1}{2}} \equiv -1 \bmod p$$

となります. ここで $a \equiv g^n \bmod p$ を満たす n をとります. するとガウスの補助定理を用いて

$$\left(\frac{a}{p} \right) \equiv (-1)^n \equiv (g^{\frac{p-1}{2}})^n \equiv (g^n)^{\frac{p-1}{2}} \equiv a^{\frac{p-1}{2}} \bmod p$$

となります. したがって, つぎのオイラーの規準の成り立つことがわかり

ます.

「定理（オイラーの規準）　　p を奇素数とし，整数 a が p と素であれば

$$\left(\frac{a}{p}\right) \equiv a^{\frac{p-1}{2}} \bmod p$$

が成り立つ」

ところで

$$a^{\frac{p-1}{2}} \equiv \pm 1 \bmod p$$

が得られれば，上の式から

$$\left(\frac{a}{p}\right) \equiv \pm 1 \bmod p$$

ですから

$$\left(\frac{a}{p}\right) = \pm 1$$

となります．すなわちこの場合，$\left(\frac{a}{p}\right) \equiv \mp 1$ となることはあり得ません．なおここでは，復号同順です.

たとえば $a = 2, p = 7$，または $a = 3, p = 7$ の二つの場合には，オイラーの規準より，それぞれ

$$\left(\frac{2}{7}\right) \equiv 2^{\frac{7-1}{2}} \equiv 8 \equiv 1 \bmod 7 \qquad \left(\frac{3}{7}\right) \equiv 3^{\frac{7-1}{2}} \equiv 27 \equiv -1 \bmod 7$$

となります．したがって $\left(\frac{2}{7}\right) = 1,$ $\left(\frac{3}{7}\right) = -1$ であることがわかります.

つぎに平方剰余に関する，二つの大切な式について述べておきます.

整数 a, b がいずれも奇素数 p と素であり，かつ a と b の差が p で割りきれるのであれば

$$\left(\frac{a}{p}\right) = \left(\frac{b}{p}\right)$$

が成り立ちます．なぜなら $a - b = mp, (m = 1, 2, 3, \cdots)$ ですから，これを（前の章で述べた）x^2 を p で割ったときの式 $x^2 = pn + a$ に代入すると，

$x^2 = p(n+m) + b$ となるからです．つまり，これを満たす整数 x が存在するか否かは，二つの式において一致することになります．

つぎに，整数 a, b がいずれも奇素数 p と素であるとき

$$\left(\frac{a}{p}\right)\left(\frac{b}{p}\right) = \left(\frac{ab}{p}\right)$$

が成り立ちます．ですから平方剰余記号は乗法的である，ということが言えるわけです．

先程のオイラーの規準によれば

$$\left(\frac{a}{p}\right)\left(\frac{b}{p}\right) \equiv a^{\frac{p-1}{2}} \cdot b^{\frac{p-1}{2}} \equiv (ab)^{\frac{p-1}{2}} \bmod p$$

です．他方で

$$\left(\frac{ab}{p}\right) \equiv (ab)^{\frac{p-1}{2}} \bmod p$$

となります．ですからこの場合，平方剰余記号の値が 1 または -1 となることは二つの式において一致することになり，よって上の乗法的であることを述べた式が成り立つことがわかります．

3.5　平方剰余の法則を用いて

平方剰余の記号に関しては三つの重要な法則がありますので，以降において順に説明をしておきたいと思います．

p, q を異なる奇素数とすれば

$$\left(\frac{p}{q}\right)\left(\frac{q}{p}\right) = (-1)^{\frac{p-1}{2} \cdot \frac{q-1}{2}}$$

が成り立ちます．これを平方剰余の相互法則と言います．

この相互法則は，二つの素数の関係を平方剰余記号を用いて表したものであり，多くの場面で用いられるとても大切な式です．

第 1 章でも述べたのですが，素数はばらばらに散らばって存在しているのでした．しかしそうは言っても，任意に選ばれた二つの素数 p と q の関係が，実はこのように簡単な式によって表されるのです．考えてみると，この

ことはとても不思議に思われます.

つぎに，関連する二つの法則についての説明に進みます.

p を奇素数とします．このとき平方剰余記号で表される，以下の第一補充法則および第二補充法則が成り立ちます.

$$\left(\frac{-1}{p}\right) = (-1)^{\frac{p-1}{2}}$$

これを第一補充法則と言います.

そして，つぎの式が成り立ちます.

$$\left(\frac{2}{p}\right) = (-1)^{\frac{p^2-1}{8}}$$

これを第二補充法則と言います.

平方剰余の相互法則についてはオイラー，およびルジャンドルによる貢献があるのですが，完全な証明についてはガウスによってなされました．しかも，ガウスはいくつかの複数の方法によりこれを示しています.

ところで相互法則の両辺に $\left(\dfrac{p}{q}\right)$ を乗じると $\left(\dfrac{p}{q}\right)^2 = 1$ であることから

$$\left(\frac{q}{p}\right) = (-1)^{\frac{p-1}{2}\cdot\frac{q-1}{2}}\left(\frac{p}{q}\right)$$

となることがわかります.

$\left(\dfrac{p}{q}\right)$ の値がわかっているとき，$\left(\dfrac{q}{p}\right)$ の値はこの式を用いて求められることになります.

以下において，上の三つの法則のうち第一補充法則について述べておきます.

既に説明をしたオイラーの規準

$$\left(\frac{a}{p}\right) \equiv a^{\frac{p-1}{2}} \bmod p$$

において，$a = -1$ とすれば，つぎのようになります.

$$\left(\frac{-1}{p}\right) \equiv (-1)^{\frac{p-1}{2}} \bmod p$$

p は奇素数すなわち $p \neq 2$ であり，また平方剰余記号の定めるところにより $\left(\dfrac{-1}{p}\right) = \pm 1$ です．したがって，上の $\bmod p$ についての合同式が成り立つこともあわせて考えれば

$$\left(\frac{-1}{p}\right) = (-1)^{\frac{p-1}{2}}$$

と書き表されることになります．要するに，値が 1 もしくは -1 となるのは，左辺と右辺とで一致します．

　以上により，第一補充法則が示されました．

　つぎの章においては，主にこの第一補充法則を用いて議論を進めていくことになります．なお，第二補充法則，および平方剰余の相互法則についての証明は，ここでは省略します．

　ところで上で挙げたの三つの法則，すなわち，平方剰余の相互法則，および第一補充法則，第二補充法則を適用すれば，奇素数 p と素である整数 a について $\left(\dfrac{a}{p}\right)$ の値を求めることができます．

　そこで $p = 7$ の場合のそれぞれの値を，上の三つの法則などを用いて順に求めてみましょう．

　前にも述べましたが $\left(\dfrac{0}{7}\right) = 0$ となります．また $\left(\dfrac{1}{7}\right) = 1$, $\left(\dfrac{2}{7}\right) = 1$ となることは，$6^2 \equiv 1 \bmod 7$, および $3^2 \equiv 2 \bmod 7$ であることからわかります．後者については，第二補充法則からもわかります．

　つぎに相互法則により

$$\left(\frac{3}{7}\right) = (-1)^{\frac{7-1}{2}\cdot\frac{3-1}{2}}\left(\frac{7}{3}\right) = -1 \cdot \left(\frac{1}{3}\right) = -1$$

となります．また

$$\left(\frac{4}{7}\right) = \left(\frac{2}{7}\right)\left(\frac{2}{7}\right) = 1 \cdot 1 = 1$$

となります．続いて相互法則と第二補充法則により

$$\left(\frac{5}{7}\right) = (-1)^{\frac{7-1}{2}\cdot\frac{5-1}{2}}\left(\frac{7}{5}\right) = \left(\frac{2}{5}\right) = (-1)^{\frac{5^2-1}{8}} = -1$$

となります．そして第一補充法則より

$$\left(\frac{6}{7}\right) = \left(\frac{-1}{7}\right) = (-1)^{\frac{7-1}{2}} = -1$$

と求められます．

さらに $a \geq 7$ のときには，平方剰余記号のカッコ内は $\bmod p$ について表しているので，$a-7$ とすれば，（必要に応じ，複数回これを適用することによって）a が $0, 1, 2, \cdots, 6$ の場合に戻ります．

これまでに見てきたように $\left(\frac{a}{7}\right)$ が 1，または -1 となるの場合の個数は，同数である 3 個ずつあります．これに関しては以前にも述べました．さらに一般的には，奇素数 p と素である整数 a について $\left(\frac{a}{p}\right)$ が平方剰余となる場合の個数，または平方非剰余となる場合の個数は同じであり，それぞれ $(p-1)/2$ 個ずつとなります．

ガウスは 1777 年に，それはオイラー生誕の 70 年後になりますが，ドイツ中央部のやや北に位置するブラウンシュヴァイクというところで生まれました．数学に関して，ガウスは早くも少年の頃から周囲に天才ぶりを示していたのです．とくに整数論などの分野で知られた，18, 19 世紀における，まさに数学の巨人でした．ガウスによる有名な著書『数論研究』が出版されたのは，1801 年のことです．この文献は，その後の数学の研究に対して大きな影響を及ぼすことになります．

彼の業績は数論をはじめとする代数学や，幾何学，解析学，統計学など，広範囲の分野に及ぶものでした．対象となる研究分野は数学だけでなく，物理学，とくに電磁気学，さらには天文学など，自然科学の多方面にわたるものでした．小惑星セレスの軌道計算は有名な話ですが，ガウスは 30 才の若さでゲッチンゲンの天文台長に就任し，天文学についての研究を続けていたのです．

ガウスの業績は，私達が普段使っているさまざまな事項のなかにも含まれています．

　複素数の範囲で考えたとき，2 次方程式には二つの解があり，また 3 次方程式には三つの解があります．一般的に N 次方程式には N 個の解があるのですが，これを証明したのがガウスであり，代数学の基本定理と言われているものです．また $x-y$ 平面での座標が広く用いられていることは，ご存知のとおりです．複素平面ではこの x 軸に実数をとり，また y 軸に純虚数をとります．このとき $x-y$ 平面上の点 (a, b) は，複素平面上では複素数 $z = a + bi$ に対応することになります．これはガウスにより厳密に用いられ議論されたものであり，ガウス平面，または複素平面と呼ばれています．

　ここでいよいよ，章の初めに述べた課題へと戻ります．

　その課題とは「x を整数とする 2 次式 $x^2 + 1$ を素因数分解したときには，2 および $4n + 1, (n = 0, 1, 2, \cdots)$ で表される素数だけが現れ，$4n + 3$ で表される素数は現れない」というものでした．

　ところでこれまでに，第一補充法則について詳しく説明をしてきました．そこでこの法則を使って，$4n + 1$ で表される素数と，$4n + 3$ で表される素数について改めて考えてみましょう．なお第一補充法則とは，奇素数 p に対し

$$\left(\frac{-1}{p} \right) = (-1)^{\frac{p-1}{2}}$$

が成り立つ，というものでした．

　最初に，素数 p が $1 \bmod 4$ のときには上の式の右辺のべき $(p-1)/2$ は偶数ですから第一補充法則により $\left(\dfrac{-1}{p} \right) = 1$ となり，よって p を法とする合同式 $x^2 \equiv -1 \bmod p$ が成り立ちます．したがって

$$x^2 + 1 \equiv 0 \bmod p$$

を満たす整数解 x があることがわかります．

　つぎに素数 p が $3 \bmod 4$ のときには，$(p-1)/2$ は奇数ですから $\left(\dfrac{-1}{p} \right) = -1$ となり，合同式 $x^2 \equiv -1 \bmod p$ すなわち

$$x^2 + 1 \equiv 0 \bmod p$$

を満たす整数 x はありません．ですから第一補充法則は

$$\left(\frac{-1}{p}\right) = (-1)^{\frac{p-1}{2}} = \begin{cases} 1 & (p \equiv 1 \bmod 4) \\ -1 & (p \equiv 3 \bmod 4) \end{cases}$$

と表されることになります．

　上で述べた合同式のとおり，整数 x に対して式 $x^2 + 1$ を割り切るのは 1 mod 4 の素数であり，3 mod 4 の素数ではあり得ません．ですから，$p_1, p_2, p_3, \cdots, p_n$ を素数，$e_1, e_2, e_3, \cdots, e_n$ を自然数として，$x^2 + 1$ が

$$x^2 + 1 = p_1^{e_1} p_2^{e_2} p_3^{e_3} \cdots p_n^{e_n}$$

と素因数分解されるとき，右辺における $p_1, p_2, \cdots, p_n$ には 1 mod 4 の素数のみが含まれる，ということになります．ただし x が奇数のときには $x^2 + 1$ は偶数になるので，素数 2 も素因数のなかに含まれます．

　ここで少し振り返ってみましょう．

　これまでにフエルマーの小定理，ガウスの補助定理，オイラーの規準，そして第一補充法則と順に見てきました．そして，これらの定理を用いることにより，x を整数とする 2 次式 $x^2 + 1$ を素因数分解したときに現れる素数は 2 または $p \equiv 1 \bmod 4$ であり，$p \equiv 3 \bmod 4$ は現れない，ということが示されました．

　つぎはこれをもとにして，いよいよ「素数の素因数分解」について，次章において議論を進めることになります．

第4章

素数の分解とは？

4.1 分解される素数，分解されない素数

素数 p は 2 を除けば，4 で割ったときに 1 余る $p \equiv 1 \bmod 4$，もしくは 3 余る $p \equiv 3 \bmod 4$ のいずれかになります．実際に，前者については $5, 13, 17, 29, 37, \cdots$ と続き，また後者については $3, 7, 11, 19, 23, \cdots$ と続きます．素数は $\bmod 4$ を基準にすれば，このように二つのグループに分けて考えることができるのです．以降においては二つの素数を，それぞれ $p_{1 \bmod 4}$ または $p_{3 \bmod 4}$ と表すことがあります．

二つの素数 $p_{1 \bmod 4}$ と素数 $p_{3 \bmod 4}$ の間には，場面によっては実はかなり異なった現象が見られることがあります．そのうちのひとつが，二つの整数の平方の和によって表されるのか，もしくはそうではないのか，についての問題です．すなわち二つの素数に分けた場合，$p_{1 \bmod 4}$ だけが二つの平方数の和として表されるのです．例を挙げておきましょう．$p_{1 \bmod 4}$ の素数 53 は

$$53 = 2^2 + 7^2$$

と書かれます．もちろん素数である 53 は分解されることはないのですが，分解される範囲が複素数まで拡大されるのであれば，二つの積の形に分解されて書き表されるのです．たとえば今の場合には

$$53 = (2 + 7i)(2 - 7i)$$

となります．これによって上で述べたように，2 個の整数の平方の和で書き表されるのです．なお式で見られる i は虚数単位で $i = \sqrt{-1}$ であり，$i^2 = -1$ となります．素数 $p_{1 \bmod 4}$ はこのようにただ一通りの方法で分解されて，二つの平方数の和で書くことができるのです．

　他方で，素数 $p_{3 \bmod 4}$ は複素数の範囲においても $p_{1 \bmod 4}$ のように分解されることはなく，二つの整数の平方の和として表すことはできないのです．

　つぎに，素数を 8 で割ったときの余りが 1 または 3 の素数 $p_{1,3 \bmod 8}$ と，余りが 5 または 7 の素数 $p_{5,7 \bmod 8}$ の，二つのグループに分けた場合についても，同じようなことが言えるのです．このなかで素数 $p_{1,3 \bmod 8}$ は，$x^2 + 2y^2$（x, y は整数）の形によって表されるのです．たとえば $p_{3 \bmod 8}$ の素数 43 は

$$43 = 5^2 + 2 \cdot 3^2$$

と表されます．この 43 は複素数の範囲においては

$$43 = (5 + 3\sqrt{-2})(5 - 3\sqrt{-2})$$

と分解されて表されるためです．他方で，素数 $p_{5,7 \bmod 8}$ はこのように分解されることはなく，また $x^2 + 2y^2$ の形で表されることはありません．

　前にも述べたことですが，素数はまるでばらばらになって点在しているのでした．ただ，このようにちりばめられた一つひとつの素数は，mod を基準にすれば，大きく二つのグループに分けて考えられるのです．そしてこの場合，それぞれのグループに含まれる素数は，複素数の範囲において分解されるか，または分解されないかのいずれかになります．上で見たように素数を $p_{1 \bmod 4}$ と $p_{3 \bmod 4}$ の二つに分けた場合がそうであり，また素数を $p_{1,3 \bmod 8}$ と $p_{5,7 \bmod 8}$ の二つに分けて考えたときにも同じことが言えるのです．さらに mod3 に関して素数を $p_{1 \bmod 3}$ と $p_{2 \bmod 3}$ に分けた場合についても，やはり同じようになります．

　素数を mod によって二つのグループに分けたとき，上で述べたように分解される状況が異なっているだけでなく，実は，各グループにおける素数の個数については，だいたい同じ数で分布しているのです．たとえば素数 $p_{1 \bmod 4}$ と $p_{3 \bmod 4}$ について，200 以下の場合にはそれぞれ 20 個，22 個となっていますし，さらに 1000 以下を調べてみると，それぞれ 81 個と 86 個になっています．なおこのように素数を mod で分けたときの個数の問題については，第 7 章において改めて取り上げてみたいと思います．

以降は，この章でのテーマである素数が分解されるときの状況について，もう少し丁寧に見ていきたいと思います．

4.2 ガウス整数の世界における分解

素数を $p_{1 \bmod 4}$ と $p_{3 \bmod 4}$ の二つのグループに分けた場合においては，素数 $p_{1 \bmod 4}$ だけが二つの整数の平方の和で書き表されるのでした．このときの様子について，もう一度詳しく見ていきます．

x と y を整数とします．このとき素数 $p_{1 \bmod 4}$ が $x^2 + y^2$ の形で表される例を，改めて挙げてきましょう．なおこのとき x または y のいずれかは奇数で，いずれかは偶数となります．

$$13 = 2^2 + 3^2 \qquad 17 = 1^2 + 4^2 \qquad 29 = 2^2 + 5^2$$
$$37 = 1^2 + 6^2 \qquad 41 = 4^2 + 5^2 \qquad 53 = 2^2 + 7^2$$

ところで $x^2 + y^2$ を因数分解する式

$$x^2 + y^2 = (x + yi)(x - yi)$$

が成り立ちます．ですから，たとえば上に挙げた 13 の場合には

$$13 = 2^2 + 3^2 = (2 + 3i)(2 - 3i)$$

と分解されて表されることがわかります．素数 $p_{1 \bmod 4}$ は，このように $i = \sqrt{-1}$ を用いた二つの数の積によって表されるのです．

私達は，素数が分解されることはあり得ないことを知っています．しかしながら分解される範囲を複素数にまで広げた場合には，素数 $p_{1 \bmod 4}$ は x, y を整数として

$$p_{1 \bmod 4} = (x + yi)(x - yi)$$

の形に分解されるのです．

また逆に言えば，素数 $p_{1 \bmod 4}$ はこのように分解されることにより，2 個

の整数の平方の和

$$p_{1 \bmod 4} = x^2 + y^2$$

で書き表されることになります．

　これに対して，素数 $p_{3 \bmod 4}$ は上で述べたように分解されることはありませんし，また 2 個の整数の平方の和として表されることもないのです．

　素数 $p_{1 \bmod 4}$ がこのような形で表されることはフェルマーにより発見されたのですが，その証明は後のオイラーによってなされました．

　上で述べた形の数 $a + bi$，$a - bi$（a と b は整数）がガウス整数と呼ばれていることについては，第 2 章でふれました．（なお，普通に使われている整数は有理整数と呼ばれるのでした．）そして有理整数のなかに素数があるように，ガウス整数の世界においても素数があり，これはガウス素数と呼ばれているのでした．上で述べたように素数 $p_{1 \bmod 4}$ は分解されて $a + bi$ と $a - bi$ の積で表されるのですが，これらの数は実はガウス素数になります．すなわち $p_{1 \bmod 4}$ は，二つのガウス素数の積として素因数分解されるのです．

　以降においては，素数 $p_{1 \bmod 4}$ がガウス素数に分解されて，二つの平方数の和で表されることについて改めて考えてみたいと思いますが，議論を進めるにあたり，ここで基本的な事項について再確認をしておきたいと思います．

　整数 m, n の積 mn が素数 p で割り切れるのであれば，m, n のうち少なくともひとつは p で割り切れるのですが，これと同じことが，ガウス整数についても言えます．すなわち，定理（ガウス素数による整除）により，ガウス整数 $c + di$，$e + fi$ の積 $(c + di)(e + fi)$ がガウス素数 $a + bi$ で割り切れるのであれば，$c + di$，$e + fi$ のうちの少なくともひとつは $a + bi$ で割り切れます．

　つぎに，整数のなかにおける 1 の約数である 1, -1 を単数と言います．同じようにガウス整数においても 1 の約数である単数があるのですが，それらは，1, -1, i, $-i$ の 4 個になります．

　任意の正の整数は，順序を考えなければただ一通りの方法で素因数分解されることについては，ガウス整数についても同じことが言えます．すなわち

任意のガウス整数は，順序および単数倍を考えなければ，ただ一通りの方法でガウス素数の積に分解されて表される，ということになります．

ここから本論に入っていきます．なお議論を進めるなかで，前の章で述べた平方剰余の補充法則が大切なポイントになってきます．

p を 4 で割ると，余りが 1 となる素数とします．

このとき第一補充法則により

$$\left(\frac{-1}{p}\right) = (-1)^{\frac{p-1}{2}} = 1$$

となりますから，$a^2 \equiv -1 \bmod p$ となる整数 a が存在します．これにより

$$(a+i)(a-i) \equiv a^2 + 1 \equiv 0 \bmod p$$

となります．すなわち $(a+i)(a-i)$ は p で割り切れることになります．

ここで p はガウス素数である，と仮定しましょう．このとき，ガウス整数の積 $(a+i)(a-i)$ はガウス素数 p で割り切れることになり，よって定理（ガウス素数による整除）により，$(a+i)$ または $(a-i)$ のうちの少なくともひとつは p で割り切れることになります．

ところで実際に割ってみると $\dfrac{a+i}{p}$ または $\dfrac{a-i}{p}$ となるのですが，これらの二つの数とも，実はガウス整数ではありません．その理由は，このときの i の係数である $\dfrac{1}{p}$ は有理整数ではないことによります．このように $a+i$, $a-i$ が共に割り切れないことから，$(a+i)(a-i)$ はガウス素数 p で割り切れないことになり，上の事実に反します．これは仮定が誤っていたことによるものであり，したがって p はガウス素数ではない，ということになります．すなわち p は，ガウス整数の世界における "合成数" ということになります．

このことは，p の素因数分解を考えるとき，p を割り切るガウス素数 $\alpha = x+yi$ が存在することを示しています．ここでガウス整数 $\beta = u+vi$ を使って，$p = \alpha\beta$ と書くことにします．（なお α の他，β についても $\neq \pm 1, \pm i$, すなわち単数ではありません．）そこで α の共役複素数を $\overline{\alpha} = x-yi$, β の共役複素数を $\overline{\beta} = u-vi$ とすれば

$$p^2 = p\overline{p} = \alpha\beta\overline{\alpha}\overline{\beta} = \alpha\overline{\alpha} \cdot \beta\overline{\beta}$$

となります．ここで

$$\alpha\overline{\alpha} = (x + yi)(x - yi) = x^2 + y^2$$

は自然数であり p^2 の約数ですから，1, p, p^2 のいずれかになります．そこで $\alpha\overline{\alpha} = 1$ とすると，$x^2 + y^2 = 1$ より $x = \pm 1, y = 0$ または $x = 0, y = \pm 1$ となるのですが，このときそれぞれ $\alpha = x + yi = \pm 1$ または $\pm i$ となります．いずれにしても α は単数となるのですが，これは α がガウス素数であることに反します．また $\alpha\overline{\alpha} = p^2$ とすると $\beta\overline{\beta} = 1$ になります．このときには $u^2 + v^2 = 1$，すなわち前と同じように考えると β が単数となるのですが，これは単数ではないことに反します．したがって $p = \alpha\overline{\alpha}$，すなわち

$$p = (x + yi)(x - yi)$$

となります．したがって

$$p = x^2 + y^2$$

で表されることがわかります．ガウス整数についても素因数分解の一意性が言えるので，このような表し方はただ一通りであることになります．

　つぎに p を 4 で割ると 3 余る素数とします．

　このとき p がガウス素数であることは，以下のようにして示されます．

　p はガウス素数ではないと仮定します．このとき前と同じようにして，$p = x^2 + y^2$ と表されます．

　しかし既に述べてきたことですが，実際には素数 $p_{3 \bmod 4}$ をこのようには書き表すことはできません．

　この矛盾は，p をガウス素数でないとした仮定が誤っていたことによるものです．

　ところで 4 で割ると 3 余る素数が $x^2 + y^2$ の形によって表されないことは，つぎのようなことからもわかります．

　$x = 2k$, $2k + 1$, および $y = 2j$, $2j + 1$, $(k, j = 0, 1, 2, \cdots)$ とおいて，

$x^2 + y^2$ を計算してみます. すると

$$x^2 + y^2 = (2k)^2 + (2j)^2 = 4(k^2 + j^2)$$
$$x^2 + y^2 = (2k)^2 + (2j+1)^2 = 4(k^2 + j^2 + j) + 1$$
$$x^2 + y^2 = (2k+1)^2 + (2j+1)^2 = 4(k^2 + k + j^2 + j) + 2$$

となります. これにより, $x^2 + y^2$ を 4 で割ったときの余りは 0, 1, 2 のいずれかであり, 3 となることはあり得ません. なおこれは, $x^2 + y^2$ が素数である場合には, それは (2 を除き) 4 で割れば 1 余る素数であること, および合成数であっても 4 で割ると余りは 3 とはならないこと, を示しています.

　ガウス素数について, 改めて整理しておきましょう.

　ガウス素数とは, ガウス整数の世界において, 単数とそれ自身を除けば約数をもたない数のことです.

　素数 $p_{1 \bmod 4}$ は二つのガウス素数の積に分解されて表されます. たとえば 13 は $13 = (2 + 3i)(2 - 3i)$ と分解されるのですが, このときの $2 + 3i$ および $2 - 3i$ はいずれもガウス素数になります. 他方で素数 $p_{3 \bmod 4}$ はガウス素数の積によって分解されることはなく, $p_{3 \bmod 4}$ はそのままガウス素数になります. たとえば素数 7 や 11 はそのままガウス素数になります.

4.3　素数を 8 で割った余りで分ければ

　これまでに, 素数を 4 で割ったときの余りである 1 または 3 で分けた場合の, それぞれの素数が分解される様子について見てきました. この節においては, 素数を 8 で割ったときの余りによって分けたときの, 分解される場面を見ていきたいと思います.

　始めに, 素数を 8 で割ると余りが 1 または 3 となる素数 $p_{1,3 \bmod 8}$ と, 余りが 5 または 7 となる素数 $p_{5,7 \bmod 8}$ の二つの場合について見ていきます.

　実はこの場合においても, これまでに述べたことと似たようなことが言えるのです.

素数 $p_{1,3 \bmod 8}$ の場合について見てみましょう．するとこのときには，素数は x, y を整数として

$$p_{1,3 \bmod 8} = x^2 + 2y^2$$

となり，2 個の整数の平方の和を使った数で表されます．少し例を挙げておきましょう．

$$17 = 3^2 + 2 \cdot 2^2 \qquad 41 = 3^2 + 2 \cdot 4^2 \qquad 59 = 3^2 + 2 \cdot 5^2$$

素数 $p_{1,3 \bmod 8}$ は

$$p_{1,3 \bmod 8} = (x + y\sqrt{-2})(x - y\sqrt{-2})$$

の形に分解されて表されるため，上に例示した式のように書かれるのです．

たとえば 17 は，$17 = (3 + 2\sqrt{-2})(3 - 2\sqrt{-2})$ と分解されて表され，したがって，上で述べたように $17 = 3^2 + 2 \cdot 2^2$ となります．

他方で，素数 $p_{5,7 \bmod 8}$ はこのように分解することはありません．したがって，$x^2 + 2y^2$ の形で表すことはできません．

ガウス整数の世界に代わり，a,b を有理整数（通常使われている整数）として $a + b\sqrt{-2}$ で表される整数の世界について考えてみたいと思います．

この場合，すなわち $a + b\sqrt{-2}$ の整数の世界において，$p_{1,3 \bmod 8}$ は前述のように二つの $a + b\sqrt{-2}$ の素数の積として分解されて表されます．他方で $p_{5,7 \bmod 8}$ は，$a + b\sqrt{-2}$ の整数の世界においても素数になり，したがって分解されることはありません．これについては，つぎのように説明されます．すなわち $p_{1 \bmod 8}$ および $p_{3 \bmod 8}$ は，平方剰余の第一補充法則および第二補充法則により

$$\left(\frac{-2}{p}\right) = 1 \qquad (p \equiv 1, 3 \bmod 8)$$

となります．そしてこれをもとにガウス整数の世界のときと同じように考えることにより，$p_{1 \bmod 8}$ および $p_{3 \bmod 8}$ については $(x + y\sqrt{-2})(x - y\sqrt{-2})$ という二つの素数の積に分解され，よって $x^2 + 2y^2$ の形で表されることに

なるのです．これに対して，$p_{5\bmod 8}$ および $p_{7\bmod 8}$ については

$$\left(\frac{-2}{p}\right)=-1 \qquad (p\equiv 5,7 \bmod 8)$$

となり，いずれの場合も $p_{1,3\bmod 8}$ のように分解されることはなく，したがって x^2+2y^2 の形で表されることはないのです．

ですから $a+b\sqrt{-2}$ の整数の世界においても，前に述べたガウス整数の世界と似たところがあると言えるのです，

つぎは素数を8で割ったときの余りについての，もうひとつの場合について述べておきます．すなわち前の例では $\sqrt{-2}$ を使って分解されたのですが，こんどは $\sqrt{2}$ を使って分解される場合を考えることになります．

8で割ったとき余りが1または7となる素数 $p_{1,7\bmod 8}$ は

$$p_{1,7\bmod 8}=x^2-2y^2$$

の形で表されます．たとえば

$$17=5^2-2\cdot 2^2 \qquad 31=7^2-2\cdot 3^2 \qquad 47=7^2-2\cdot 1^2$$

などと表されます．これは素数 $p_{1,7\bmod 8}$ が

$$p_{1,7\bmod 8}=(x+y\sqrt{2})(x-y\sqrt{2})$$

の形に分解されて表されるからです．

上で挙げた素数31の場合では $31=(7+3\sqrt{2})(7-3\sqrt{2})$ と分解され，したがって $31=7^2-2\cdot 3^2$ となるのです．

このように $p_{1,7\bmod 8}$ は，$a+b\sqrt{2}$ の整数の世界において二つの $a+b\sqrt{2}$ の素数の積に分解されて表されます．他方で $p_{3,5\bmod 8}$ は $a+b\sqrt{2}$ の整数の世界においても素数になり，分解されることはありません．これについては，やはり前述のガウス整数の場合と同じように考えることにより，$p_{1,7\bmod 8}$ は二つの積の形に分解され，また $p_{3,5\bmod 8}$ については分解されないことが示されます．すなわち今の場合には，$p_{1\bmod 8}$ および $p_{7\bmod 8}$ について，平方剰余の第二補充法則により

$$\left(\frac{2}{p}\right) = 1 \qquad (p \equiv 1, 7 \bmod 8)$$

となり，また $p_{3 \bmod 8}$ および $p_{5 \bmod 8}$ については

$$\left(\frac{2}{p}\right) = -1 \qquad (p \equiv 3, 5 \bmod 8)$$

となるので，これをもとにして説明されます．これにより $p_{1,7 \bmod 8}$ は $(x + y\sqrt{2})(x - y\sqrt{2})$ の形に分解され，よって $x^2 - 2y^2$ の式で表されるのです．しかし $p_{3,5 \bmod 8}$ についてはこのように分解されることはなく，したがって $x^2 - 2y^2$ の形で表されることもありません．

　上で述べたように，$p_{1 \bmod 8}$ である素数は，$a + b\sqrt{2}$ の整数の世界において二つの積に分解されて表されるのでした．たとえば，$17 = (5 + 2\sqrt{2})(5 - 2\sqrt{2})$ となります．実は，この素数 17 はさらに続けて

$$17 = (5 + 2\sqrt{2})(5 - 2\sqrt{2}) = (9 + 7\sqrt{2})(-9 + 7\sqrt{2})$$
$$= (23 + 16\sqrt{2})(23 - 16\sqrt{2}) = (55 + 39\sqrt{2})(-55 + 39\sqrt{2}) = \cdots$$

と分解されて表されます．そして，このように分解された式はどこまでも続きます．

　つぎは $p_{7 \bmod 8}$ の例になりますが，素数 23 の場合について見てみます．

$$23 = (5 + \sqrt{2})(5 - \sqrt{2}) = (7 + 6\sqrt{2})(-7 + 6\sqrt{2})$$
$$= (19 + 13\sqrt{2})(19 - 13\sqrt{2}) = (45 + 32\sqrt{2})(-45 + 32\sqrt{2}) = \cdots$$

この素数 23 についての式も，どこまでも続きます．

　素数が続けて分解されるときの様子を，$p_{1 \bmod 8}$ と $p_{7 \bmod 8}$ の場合の，二つの例について見てきました．そこで今の場合に関し，もう少し詳しく見ていきたいと思います．

　$(1 + \sqrt{2})(-1 + \sqrt{2}) = 1$ ですから，左辺の二つの数は，$a + b\sqrt{2}$ の整数の世界における単数となっています．

そこで上で見られる 17 が分解される最初の式 $(5 + 2\sqrt{2})(5 - 2\sqrt{2})$ に，この単数からなる式を掛けていきます．すなわち $(5 + 2\sqrt{2})(1 + \sqrt{2})$ と $(5 - 2\sqrt{2})(-1 + \sqrt{2})$ の二つの掛け算を計算します．すると 2 番目にある，分解された式 $(9 + 7\sqrt{2})(-9 + 7\sqrt{2})$ が得られます．もちろんこの場合，新たに得られる式の値はもとの数のままで変わりません．

そして以降も単数を掛けるという手順を繰り返すことにより，$a + b\sqrt{2}$ の整数の世界において，素数 17 は，さまざまな積の形で表されることが示されます．

素数 23 の場合についても同様です．また例として挙げた二つの数の他に，素数 $p_{1,7 \bmod 8}$ は，x, y を有理整数として，いずれもさまざまな $(x + y\sqrt{2})(x - y\sqrt{2})$ の形，もしくは $(x + y\sqrt{2})(-x + y\sqrt{2})$ の形に分解されて書き表されることになります．

今の場合は，ある素数を分解したときの最初の式を見い出せば，単数を掛け続けることにより，つぎつぎと新たな式で表すことができることになり，したがって式の表し方は，いくらでもあることがわかります．

4.4　1 の 3 乗根を用いた素数の分解

この節では，3 で割ると 1 余る素数の分解される様子について見ていきます．実際にこれらの素数は，1 の 3 乗根を用いた数に分解されて表されるのです．

1 の 3 乗根は，方程式 $z^3 = 1$ の解として求められるのですが，式を $z^3 - 1 = 0$ と変形すれば

$$(z - 1)(z^2 + z + 1) = 0$$

と分解され，この方程式を解くことで三つの解が得られます．

解は実数解である 1，および 2 次方程式の解の公式を用いて，二つの複素数解である ω と ω^2，すなわち

$$z = 1, \quad z = \frac{-1 + \sqrt{3}i}{2} = \omega, \quad z = \frac{-1 - \sqrt{3}i}{2} = \omega^2$$

が得られます．そして ω および ω^2 に関しては

$$\omega^3 = 1, \qquad \omega^2 + \omega + 1 = 0$$

となることが，容易に確かめられます．

　以上により z についての恒等式

$$z^3 - 1 = (z-1)(z-\omega)(z-\omega^2)$$

の成り立つことがわかります．そこでこの式で $z = \dfrac{x}{y}$ とおけば

$$x^3 - y^3 = (x-y)(x-\omega y)(x-\omega^2 y) \tag{$*$}$$

となり，これにより $x^3 - y^3$ を因数分解した式が得られます．この式は，後になって用いられます．

　以降においては，1 の 3 乗根である ω, ω^2 を用いて素数が分解して表される例を見ていきます．具体的には，3 で割ったときに余りが 1 となる素数 $p_{1 \bmod 3}$ について調べていくことになります．

　結論を言えば，素数 $p_{1 \bmod 3}$ は，1 の 3 乗根である ω, ω^2 を用いて

$$p_{1 \bmod 3} = (x+y\omega)(x+y\omega^2) \tag{$**$}$$

の形に分解されて表されます．ここで x, y は有理整数を表しています．

　例を挙げておきます

$$7 = (2-\omega)(2-\omega^2) \qquad 13 = (3-\omega)(3-\omega^2)$$

これらの二つの式は，前に挙げた $(*)$ の式において，$x=2$, $y=1$, または $x=3$, $y=1$ とおけば順に得られます．

　続いて，素数 19, 31 については以下のように分解して表されます．

$$19 = (3-2\omega)(3-2\omega^2) \qquad 31 = (5-\omega)(5-\omega^2)$$

これらの式は，前と同じように式 $(*)$ において，19 では $x=3$, $y=2$ とおき，また 31 では $x=5$, $y=1$ とおけば得られます．

このように，素数 $p_{1 \bmod 3}$ は，1の3乗根を用いた二つの式に分解して表されるのです．これに対して素数 $p_{2 \bmod 3}$ については，上で述べたように分解して表されることはありません．

分解されることについての詳しい説明はここではしませんが，平方剰余の相互法則と第一補充法則によって，素数 $p_{1 \bmod 3}$ および素数 $p_{2 \bmod 3}$ について

$$\left(\frac{-3}{p}\right) = \begin{cases} 1 & (p \equiv 1 \bmod 3) \\ -1 & (p \equiv 2 \bmod 3) \end{cases}$$

となることがわかるので，これにより，素数 $p_{1 \bmod 3}$ は1の3乗根である ω, ω^2 を用いた二つの式に分解され，また素数 $p_{2 \bmod 3}$ についてはこのように分解されることはない，ということが示されるのです．

前述の式 $(**)$ をもとにして，素数 $p_{1 \bmod 3}$ が分解される式を求めてみたいと思います．ここでは素数7の場合について調べてみることにします．

式 $(**)$ は，$\omega^3 = 1$ および $\omega^2 + \omega = -1$ であることを用いて以下のようになります．

$$p_{1 \bmod 3} = (x + y\omega)(x + y\omega^2) = x^2 + xy(\omega^2 + \omega) + y^2$$
$$= x^2 - xy + y^2 = \left(x - \frac{y}{2}\right)^2 + \frac{3}{4}y^2$$

したがって素数7については，x, y を整数とするつぎの式が成り立つことになります．

$$7 = \left(x - \frac{y}{2}\right)^2 + \frac{3}{4}y^2$$

この式において $0 < \frac{3}{4}y^2 \leq 7$ ですから

$$y = \pm 1, \pm 2, \pm 3$$

が得られます．そしてたとえば $y = 1$ のときには，今の式に代入して $x = 3, -2$ が得られます．$y = 1$ 以外の場合においても，同じような方法でそれに対応する x の値がつぎつぎと得られます．このようにすることで7を分解したときの式が求められますが，それらは以下のとおりです．

$$7 = (2 - \omega)(2 - \omega^2)$$

$$7 = (1 - 2\omega)(1 - 2\omega^2)$$

$$7 = (1 + 3\omega)(1 + 3\omega^2)$$

$$7 = (3 + \omega)(3 + \omega^2)$$

$$7 = (2 + 3\omega)(2 + 3\omega^2)$$

$$7 = (3 + 2\omega)(3 + 2\omega^2)$$

なおこれらの式は，いずれも単数 $\pm 1, \pm\omega, \pm\omega^2$ を用いて式を書き改めたものになっています．すなわち $\omega^2 \cdot \omega = 1$ ですから，これを使えば，たとえば

$$(x + y\omega)(x + y\omega^2) = (x + y\omega)\omega^2 \cdot (x + y\omega^2)\omega = (y + x\omega)(y + x\omega^2)$$

となり，結果としては x と y を入れ替えた式の成り立つことがわかります．

　もちろん，上の 7 についてのいずれの式においても単数を用いて書き換えたものであり，素因数分解の一意性は保たれています．

　つぎに進みます．先ほど得られた 1 の 3 乗根である ω および ω^2 を表す式からは，$2\omega = -1 + \sqrt{-3}$，および $2\omega^2 = -1 - \sqrt{-3}$ となります．したがって，素数 $p_{1 \bmod 3}$ を分解した式の ω および ω^2 の係数が偶数である場合，x, y を整数とする，以下の式が成り立ちます．

$$
\begin{aligned}
p_{1 \bmod 3} &= (x + 2y\omega)(x + 2y\omega^2) \\
&= (x + y(-1 + \sqrt{-3}))(x + y(-1 - \sqrt{-3})) \\
&= (x - y + y\sqrt{-3})(x - y - y\sqrt{-3})
\end{aligned}
$$

ですから，たとえば素数 7 および 13 については，それぞれが二つの方法で分解されて

$$7 = (3 + 2\omega)(3 + 2\omega^2) = (2 + \sqrt{-3})(2 - \sqrt{-3})$$

$$13 = (3 + 4\omega)(3 + 4\omega^2) = (1 + 2\sqrt{-3})(1 - 2\sqrt{-3})$$

と表されます．

このように見てくると，素数 $p_{1 \bmod 3}$ は 1 の 3 乗根 ω, ω^2 を用いた式の他に，$\sqrt{-3}$ を用いて $x + y\sqrt{-3}$ の積の形に分解されて表されることにもなります．

素数を $p_{1 \bmod 3}$ と $p_{2 \bmod 3}$ に分けた場合については，さらにつぎのことが言えます．

素数 $p_{1 \bmod 3}$ は，整数 x, y の平方和を用いた

$$p_{1 \bmod 3} = x^2 + 3y^2$$

の形で書き表されます．

少し例を挙げておきましょう．

$$13 = 1^2 + 3 \cdot 2^2 \qquad 31 = 2^2 + 3 \cdot 3^2 \qquad 43 = 4^2 + 3 \cdot 3^2$$

たとえば素数 13 は，前述のように $13 = (1 + 2\sqrt{-3})(1 - 2\sqrt{-3})$ と分解して表されるのでした．したがって，上の例のように，$13 = 1^2 + 3 \cdot 2^2$ と書き表されることになります．

このように，素数 $p_{1 \bmod 3}$ は $x^2 + 3y^2$ の形で表されることがわかります．しかしながら，素数 $p_{2 \bmod 3}$ は上で述べたような形によっては表されません．

第5章

素数定理へのご案内

5.1 素数定理とは？

素数の個数が無限であることについては，第1章においてもふれました．そこでこの章ではつぎの課題として，たとえば，1000より小さな素数はどのくらいある？ 10000より小さな素数はどのくらいある？など，「ある与えられた数 x より小さな素数の個数」という問題について考えてみたいと思います．

素数の配列を眺めていると，その並び方には決まったルールというものが無く，不規則でばらばらに存在しているようです．このようなことからも，上で述べたような素数の個数を，数式によって表すということは容易ではないと思われてきました．x が大きな数であれば，なおさら困難であるように思われます．

この問題については，過去において少なからぬ数学者によって研究がなされてきました．そしてそのようななかで得られたさまざまな成果がつながることにより，19世紀が終わる頃になって問題は解決されたのです．

x 以下の素数の個数を，$\pi(x)$ によって表します．

たとえば，10より小さい素数は 2, 3, 5, 7 の 4 個ありますから $\pi(10) = 4$ となります．そして第1章のはじめに挙げた素数の並びからは，$\pi(50) = 15$，$\pi(100) = 25$，などとなっていることがわかります．今の場合のように x が比較的小さい数であれば，$\pi(x)$ はすぐに調べることができます．x が少し大きいとき，たとえば $\pi(10^4) = 1229$，$\pi(10^5) = 9592$ などの場合にはまだ数えられるでしょうし，コンピュータを使えば，大きな x についても $\pi(x)$ が得られるでしょう．

ではさらに x を大きくしたときなど，$\pi(x)$ を記述するような，何か一般

的な数式はあるのでしょうか．$\pi(x)$ はもちろん増加関数であり素数は無限にあることから，$x \to \infty$ のとき $\pi(x) \to \infty$ となることはすぐにわかるのですが．

　実はこの問題について説明しているのが，素数定理ということになります．そこではじめに定理の内容について述べておきましょう．

　「素数定理　　x 以下の素数の個数を $\pi(x)$ とすれば

$$\pi(x) \sim \frac{x}{\log x}$$

である」

　ここで使われている記号 $\sim$ についてですが，$x \to \infty$ のときの二つの関数 $\pi(x)$ と $x/\log x$ の比が $\to 1$ となることを表しています．ですから，素数定理を極限によって表せば

$$\lim_{x \to \infty} \frac{\pi(x)}{x/\log x} = 1$$

となります．

　この素数定理によれば，x が大きくなれば，$\pi(x)$ の $\dfrac{x}{\log x}$ に対する比は，次第に 1 に近づくということになります．すなわち定理は素数の個数について直接述べているのではなく，比の問題を扱っていることになります．素数についての問題を扱う場合では，二つの数の差ではなく，今のように比をとって，その極限に注目するということがしばしばあります．実際のところ，単に二つの式の値を比較したときには，x が大きくなればその差は次第に拡大するという傾向にあります．

　ここで，二つの例について見てみましょう．

　$x = 10^4$ のときの $\pi(10^4) = 1229$ に対して $10^4/\log 10^4 = 1086$ であり，このときの二つの数の差は 143 で，比は 1.1316 となっています．つぎに $x = 10^6$ のときには，$\pi(10^6) = 78498$ に対して $10^6/\log 10^6 = 72382$ であり，二つの数の差は 6116 と広がるのですが，他方で比を見てみると 1.0844 となっており，より 1 に近い数になっていることがわかります．なおこれに関するさらに詳しいことについては，表 5.1 を参照してください．（数字は，

表 5.1　$\pi(x)$ と $x/\log x$ の比較

x	$\pi(x)$	$\dfrac{x}{\log x}$	$\pi(x) - \dfrac{x}{\log x}$	$\dfrac{\pi(x)}{x/\log x}$
100	25	21	4	1.1904
1000	168	144	24	1.1666
10000	1229	1086	143	1.1316
100000	9592	8686	906	1.1043
1000000	78498	72382	6116	1.0844
10000000	664579	620420	44159	1.0711
100000000	5761455	5428681	332774	1.0612
1000000000	50847534	48254942	2592592	1.0537

端数を切捨てたもの)

　この表にある右端の数字からは，x が大きくなるにしたがい，$\dfrac{\pi(x)}{x/\log x}$ は次第に 1 に近づくという様子が読みとれます．

　なお，ひとつ注意しておきたいことがあります．素数定理の分母において使われている対数は，ネイピアの数 e を底とする自然対数 $\log x$ です．自然対数を用いるときには，通常このように底 e は省略して書き表されます．それにしても自然対数による簡単な式でもって素数の個数が表されるということは，まさに驚きともいえることです．

　ここで，改めてネイピアの数についてふれておきましょう．

　ネイピアの数 e は極限

$$e = \lim_{n \to \infty} \left(1 + \frac{1}{n}\right)^n$$

で定義されます．

　この右辺に見られる式について，関数

$$f(n) = \left(1 + \frac{1}{n}\right)^n$$

とおいて n にさまざまな数を与えたときの $f(n)$ の値を実際に求めてみます．

n が小さいときには，たとえば $f(3) = 2.3703$，$f(5) = 2.4883$，$f(10) = 2.5937$ ですが，n を大きくしながらさらに見ていくと $f(100) = 2.7048$，$f(1000) = 2.7169$ などとなり，そして $f(10000) = 2.7181$ と続いています（小数点 5 桁以下を切り捨てた数）．この推移を見ていると，n を大きくすると $f(n)$ はどうやらある数に近づくように思われます．実際のところ，$n \to \infty$ としたとき $f(n)$ は収束するのですが，その極限値がネイピアの数であり，それは

$$e = 2.7182818284\cdots$$

となります．なお円周率 π がそうであったように，このネイピアの数も，どこまでも続く無理数であることが知られています．

　ところで，自然対数 $\log x$ はネイピアの数 e を底としているのに対して，常用対数 $\log_{10} x$ は 10 を底とする対数であり，多くの方がこれを用いて学習された経験をお持ちのことかと思います．この二つの対数である自然対数と常用対数に関しては

$$\log_e x = \log_e 10 \cdot \log_{10} x$$

という関係があります．ここで，$\log_e 10 = 2.302585\cdots$ となります．なお本書で用いている対数は，すべて自然対数です．

　$a = \log_e x$ とすると $x = e^a$ ですから，e を何乗したら x となるのかを表す数が a ということになります．これに対して常用対数 $\log_{10} x$ は，10 を何乗したら x になるかを表した数，になります．

　ネイピアの数 e について，もう少し補足をしておきます．

　桁数の多い大きな数を扱う分野においては，たとえば天文学がそうですが，数字をそのまま使うとどうしても計算が煩雑になってしまうことがあります．このような大きな数を指数を用いて表し，さらに自然対数を用いて扱いを容易にするという方法を見出したのは，イギリスのネイピアでした．これにより掛け算は足し算に，割り算は引き算となって，計算が早くでき，より簡単になったわけです．そして後の時代に活躍したオイラーは，e を用いてさまざまな数式を扱いましたが，それによりネイピアの数は数学における

重要な数として定着することにもなりました.

　話は少しそれますが,ネイピアの数 e は,実は無限級数によっても表されるのです.そのひとつの例を以下に書いておきましょう.

$$e = 1 + \frac{1}{1} + \frac{1}{1 \cdot 2} + \frac{1}{1 \cdot 2 \cdot 3} + \frac{1}{1 \cdot 2 \cdot 3 \cdot 4} + \cdots$$

　ネイピアの数を e で表すことについては,Euler(オイラー)の頭文字をとったという説があるのですが,他方で exponential の頭文字をとったという説があります.実際に e(イー)を,エクスポネンシャルと読むことがあります.そして x についての関数 $f(x) = e^x$ を $f(x) = \exp x$ と書き表すことがあります.

5.2　素数定理への道のり

　素数の個数の問題に関心を持ち,熱心に研究をした人のなかに,18 世紀におけるドイツの偉大な数学者であるガウスがいました.彼は少年のころの1790 年代の始めに,多数の素数が書かれた表をもとにして,その配列の様子について詳しく丁寧に調べています.そしてガウスはそれらのデータをもとに,x 以下の素数の個数 $\pi(x)$ は,近似的には関数 $f(t) = \dfrac{1}{\log t}$ を 2 から xまで積分することによって表されると考えました.そして式によって

$$\pi(x) \sim \int_2^x \frac{dt}{\log t}$$

と表されると考えたのです.すなわちガウスは,素数の個数は自然対数 $\log t$を分母とした被積分関数で表される,というアイディアに到達していたのです.この積分は対数積分といわれている関数で,$Li(x)$ と書き表されることがあります.このようにガウスは,$\pi(x)$ について

$$\pi(x) \sim Li(x)$$

と表されると考えました.

　結果を公表することに対して慎重であったガウスですが,$Li(x)$ について

表 5.2　素数の個数　式による比較

x	$\pi(x)$	$x/\log x$	$x/(\log x - 1)$	$Li(x)$	$Li(x) - \pi(x)$
1000	168	144	169	178	10
10000	1229	1086	1217	1246	17
100000	9592	8686	9512	9630	38
1000000	78498	72382	78030	78628	130
10000000	664579	620420	661458	664918	339
100000000	5761455	5428681	5740303	5762209	754

公にされたのは，実は彼が亡くなった後の 1863 年のことでした．

例を見てみましょう．

$\pi(x)$ と $Li(x)$ の差が小さいことについては，表 5.2 によってもよくわかります．さらに二つの比を見てみると，つぎのようになっています．たとえば $x = 10^6$ のときには $\pi(10^6) = 78498$，$Li(10^6) = 78628$ であり，このときの比は $\pi(10^6)/Li(10^6) = 0.9983\cdots$ になるのですが，これはかなり 1 に近い数です．そして x が大きくなると，関数 $Li(x)$ の値と素数の個数 $\pi(x)$ の比はどこまでも 1 に近づいていくのですが（88 ページにある表 5.3 を参照），実はこれが大切なポイントになってきます．実際，上の式は = ではなく，〜 で書かれています．この点については，後で改めてふれることにします．

複雑でありまた難しいと思われた素数の個数の問題が，このように簡単な曲線 $f(t) = \dfrac{1}{\log t}$ を積分することによって表されることは，素数にまつわる不思議な場面を垣間見たような気がします．

つぎに，ロシアの数学者であるチェビシェフによって得られた結果についてふれておきましょう．

チェビシェフは x が十分に大きいとき，$\pi(x)$ に関して不等式

$$C_1 \frac{x}{\log x} \leq \pi(x) \leq C_2 \frac{x}{\log x} \qquad (*)$$

が成り立つ，ということを示しています．ここで見られる C_1, C_2 は定数で，

彼は $C_1 = 0.9212\cdots$, そして $C_2 = 1.1055\cdots$ となる数としています. それは 1850 年のことでした.

さらにこれとは別に, チェビシェフは極限 $\lim_{x\to\infty} \dfrac{\pi(x)}{x/\log x}$ が存在するのであれば, それは 1 であるということを示しています.

上で述べた $\pi(x)$ に関する不等式 (∗) について, これを示すためにチェビシェフは二つの関数 $\theta(x)$ と $\psi(x)$ について考えました.

$\theta(x)$ は x 以下の素数 p について $\log p$ の総和を表し, また $\psi(x)$ は x 以下の素数べき p^k について, k 個の $\log p$ の総和を表しています.

たとえば $x = 15$ の場合について見ると, $2^3, 3^2, 5, 7, 11, 13 < 15$, ですから

$$\theta(15) = \log 2 + \log 3 + \log 5 + \log 7 + \log 11 + \log 13 = 10.3\cdots$$

$$\psi(15) = 3\log 2 + 2\log 3 + \log 5 + \log 7 + \log 11 + \log 13 = 12.7\cdots$$

となります. そしてさらにその他の場合の $\psi(x)$ についても調べてみると, 以下のようになっていることがわかります (端数切捨て).

$$\psi(20) = 19.2, \quad \psi(100) = 94.0, \quad \psi(200) = 206.1, \quad \psi(300) = 299.2$$

これを見ていると, どうやら $\psi(x)$ は x に近い数であるように思われます.

ところで $\theta(x)$ と $\psi(x)$ に関しては, その定めるところにより

$$\psi(x) = \theta(x) + \theta(x^{1/2}) + \theta(x^{1/3}) + \theta(x^{1/4}) + \cdots$$

が成り立ちます. たとえば今の $\psi(15)$ の例においては, $\theta(15)$ に $\theta(15^{1/2}) = \log 2 + \log 3$, および $\theta(15^{1/3}) = \log 2$ が加算されています ($15^{1/2} = 3.87\cdots$ より小さい素数は $2, 3$ で, $15^{1/3} = 2.46\cdots$ より小さい素数は 2 です. また $15^{1/4} = 1.96\cdots$ より小さい素数はありません). なお今の式 $\psi(x)$ について補足しておきますと, 右辺において, $\theta(x)$ に比べると $\theta(x^{1/2})$ 以降の項は小さいので, この最初の項 $\theta(x)$ が主要な項になります.

チェビシェフは, $\theta(x)$ を用いた以下の不等式を証明しました (ここで ϵ は, 1 より小さい任意の正の数です).

$$\frac{\theta(x)}{\log x} \leq \pi(x) \leq \frac{1}{1-\epsilon} \cdot \frac{\theta(x)}{\log x} + x^{1-\epsilon}$$

彼は $\theta(x) \sim x$ の証明には及びませんでした．しかし，厳密な表現ではありませんが，$\theta(x)$ は x に近い数であることを示し，そしてこれをもとにして議論を進めることにより，上で挙げた $\pi(x)$ についての不等式 (*) の成り立つことを証明したのです．

このようなチェビシェフによる成果は，まだ素数定理を証明するまでには達していなかったのですが，実際のところこの定理の一歩手前のところまで来ている，と言えるものでした．なお素数定理を仮定するのであれば，$\psi(x) \sim x$ および $\theta(x) \sim x$ が成り立つこととなります．

複素関数について取り組んだリーマンは，素数の個数についての問題に関心を深め，それまでのオイラーによるゼータ関数をもとに，さらに研究を進めたのでした．ゼータ関数というのは

$$\zeta(s) = 1 + \frac{1}{2^s} + \frac{1}{3^s} + \frac{1}{4^s} + \frac{1}{5^s} + \frac{1}{6^s} + \cdots$$

で表される無限級数のことで，18 世紀の末にオイラーによってとり上げられました．この級数については後の第 8 章において改めて説明しますが，実は素数とは深い関係があるのです．

リーマンはゼータ関数のべき s について，それまでの実数から，$s = \sigma + it$ とする複素関数としてのゼータ関数について考察を進めたのです．そして彼は論文のなかで，対数積分 $Li(x)$ を用いて表される，リーマンの素数公式について述べています．

実数から範囲を広げ，複素数を扱ったリーマンによるゼータ関数についての業績は，その後の素数に関する研究に対して大きな影響を及ぼすことになったのです．実際のところ，実数を扱っていた当時においては，素数定理の証明はかなり難しい問題であったのです．そしてこれを打開したのが，リーマンによる複素関数としてのゼータ関数の登場でした．

そしてしばらくの年月を経て，素数定理がいよいよ解決されることになります．素数の個数についての問題に取り組んできたフランスのアダマールと

ベルギーのド・ラ・ヴァレ・プサンの二人が，それぞれ素数定理の証明をするに至ったのでした．それは 19 世紀末の 1896 年のことでした．この証明に際しては複素関数としてのゼータ関数が用いられ，そのなかで $1 + it$（t は実数）でのゼータ関数の値について $\zeta(1 + it) \neq 0$ であることが使われたのでした．

難しいと考えられてきた素数定理の証明には，このようにそれぞれの場面において多くの数学者の貢献があったのです．そしてそれは，ガウスによる最初の予想からは，すでに 100 年以上を経た後のことでした．

5.3 素数の個数を表すさまざまな式

x 以下の素数の個数を表す $\pi(x)$ は，積分を用いて

$$\pi(x) \sim \int_2^x \frac{dt}{\log t}$$

と表されることについては前の節で述べました．そしてこの積分は対数積分と呼ばれ，$Li(x)$ と書かれるのでした．そこで以降において，この式を素数定理

$$\lim_{x \to \infty} \frac{\pi(x)}{x/\log x} = 1$$

を用いることにより示してみましょう．なおここでは，ロピタルの定理というものを使います．

極限をとった場合，そのまま求めようとしても $\dfrac{0}{0}$ または $\dfrac{\infty}{\infty}$ のような不定形となることがあります．この場合には，ロピタルの定理を用いることによって極限値を得られることがあります．そこで先にこの定理について，簡単に説明をしておきます．

「ロピタルの定理　　二つの関数 $f(x)$，$g(x)$ は a を含むある開区間において微分が可能であるものとします（ただし $g'(x) \neq 0$ とします）．このとき $f(a) = g(a) = 0$，もしくは $\lim_{x \to a} f(x) = \lim_{x \to a} g(x) = \infty$ であり，さらに極限 $\lim_{x \to a} \dfrac{f'(x)}{g'(x)}$ が存在するのであれば

$$\lim_{x \to a} \frac{f(x)}{g(x)} = \lim_{x \to a} \frac{f'(x)}{g'(x)}$$

が成り立つ」

　ロピタルの定理は上述のように，極限が不定形となる場合において適用されることになります．すなわち分母と分子をそれぞれ微分したときに，その極限が存在すれば，それはもとの式の極限に等しくなるというものです．なお a を ∞ に置き換えて極限をとった場合においても，定理は適用されます．

　$\pi(x)$ と対数積分 $Li(x)$ の関係について調べていく場合では，そのままでは $\dfrac{\infty}{\infty}$ の不定形になるので，ロピタルの定理を使いながら式変形を進めていきます．すると，つぎのようになります．

　最初に，$x/\log x$ と $Li(x)$ との関係について調べると

$$\lim_{x \to \infty} \frac{x/\log x}{\displaystyle\int_2^x \frac{dt}{\log t}} = \lim_{x \to \infty} \frac{(x/\log x)'}{\left(\displaystyle\int_2^x \frac{dt}{\log t}\right)'}$$

$$= \lim_{x \to \infty} \frac{(\log x - 1)/(\log x)^2}{1/\log x} = \lim_{x \to \infty} \frac{\log x - 1}{\log x} = 1$$

となります．よって $\pi(x)$ と $Li(x)$ については

$$\lim_{x \to \infty} \frac{\pi(x)}{\displaystyle\int_2^x \frac{dt}{\log t}} = \lim_{x \to \infty} \frac{\pi(x)}{x/\log x} \cdot \frac{x/\log x}{\displaystyle\int_2^x \frac{dt}{\log t}} = 1 \cdot 1 = 1$$

となることがわかります．したがって

$$\pi(x) \sim Li(x)$$

であることが示されます．

　ここで微分 $\left(\displaystyle\int_2^x \frac{dt}{\log t}\right)'$ については，定積分と微分の関係を表した式

$$\frac{d}{dx} \int_a^x f(t)dt = f(x)$$

となることを使っています．（a は定数）

　ところで表 5.2（80 ページ）を見ていると，$\pi(x)$ と $Li(x)$ の大小関係について $\pi(x) < Li(x)$ のようになるかとも思われます．ところが実際にはそうとは言いきれないのです．この問題については既に明確になっていて，x を大きくしていけば実は $\pi(x) - Li(x)$ の符号は無限回変わる，ということがリトルウッドによって示されているのです．

　これまでに素数定理についての二つの式，$\pi(x) \sim \dfrac{x}{\log x}$，ならびに，$\pi(x) \sim Li(x)$，が成り立つことについて見てきました．したがって，この二つの式をもとにすれば

$$Li(x) \sim \frac{x}{\log x}$$

となるのですが，これについて観点を変えて確かめておきたいと思います．二つの関数についての，数学の問題になりますが．

　以降においては $Li(x)$ の積分区間である 2 から x を少し変え，0 から x とする積分

$$li(x) = \int_0^x \frac{dt}{\log t}$$

について議論を進めたいと思います．ここでは大きな x について考えているので $Li(x)$ と $li(x)$ の二つの積分の差は小さく，無視しても差支えの無いこと，また $li(x)$ の方が式変形の過程などにおいて何かと扱いが容易であるためです．

　なおこの場合，被積分関数は $t = 1$ で発散して不連続となるために，詳しく言えば，$li(x)$ は，0 から 1 に限りなく近いところまでの積分と，1 に限りなく近いところから x までの積分の，二つの和をとり，その極限を考えていることになります．

　ところでこの $li(x)$ は部分積分をすることによって式の姿が代わり，無限級数によって表されることがわかります．

　実際のところ，$li(x)$ はつぎのようにして繰り返し部分積分されて，式変形がなされます．

$$li(x) = \int_0^x \frac{dt}{\log t} = \lim_{K \to 0} \int_K^x \frac{t'}{\log t} dt = \lim_{K \to 0} \left[\frac{t}{\log t} \right]_K^x + \int_0^x \frac{dt}{(\log t)^2}$$

$$= \frac{x}{\log x} + \lim_{K \to 0} \left[\frac{t}{(\log t)^2} \right]_K^x + 2 \int_0^x \frac{dt}{(\log t)^3}$$

このようにして部分積分をどこまでも繰り返すと，$li(x)$ はつぎのように表されることになります．

$$li(x) = \frac{x}{\log x} + \frac{1!x}{(\log x)^2} + \frac{2!x}{(\log x)^3} + \cdots + \frac{(n-1)!x}{(\log x)^n} + \cdots$$

ここで，上の式の右辺について考えてみます．

今の場合 x は大きい数なので，最初の項 $x/\log x$ が右辺における主要な項となります．

実際に右辺の第 2 項以降の任意の項をとり，それを最初の項 $x/\log x$ で除して $x \to \infty$ とするとき，その極限は $\to 0$ となることがわかります．よって $li(x)$ の第 2 項以降のすべての項の和についても，$\to 0$ となります．したがってこの場合，右辺の最初の項だけが残り，$li(x)$ と $x/\log x$ の比は限りなく 1 に近づくことになります．

このことから，$li(x)$ を再び $Li(x)$ に戻せば

$$Li(x) \sim \frac{x}{\log x}$$

と表されることになります，

なお表 5.2（80 ページ）からは，$Li(x)$ の方が $\dfrac{x}{\log x}$ より少し大きいように思われます．これについては，上の $li(x)$ の式で見られるように，右辺の第 2 項以降が左辺と右辺の二つの式の差となっていることからもわかります．

実際に $x = 10^3, 10^4, 10^5, 10^6, 10^7, 10^8, 10^9$ の 7 つの場合について，$\dfrac{x}{\log x}$ の $Li(x)$ に対する比を小数点以下 4 桁までを計算してみると，順に

　　0.8089,　　0.8715,　　0.9019,　　0.9205,　　0.9330,　　0.9421,　　0.9489

となっています．これによっても，二つの式の比は次第に 1 に近づくということがわかります．

時代を少し遡り，まだ素数定理が証明されてなかったころの話に戻ります．

それまでに考察を重ねてきたド・ラ・ヴァレ・プサンは，素数定理における分母を $\log x - 1$ とする式を考え，$\pi(x)$ を

$$\pi(x) \sim \frac{x}{\log x - 1}$$

と表す式について述べています．x を分子とし，自然対数 $\log x$ を分母に含んだこの式も，素数の個数についての実態をよく表したものです．

実はこれに先立ちルジャンドルは，素数の個数 $\pi(x)$ を表す近似式として，分子を x として，分母を $\log x - A(x)$ で表すという方法についての提案をしています．そしてこの場合，$A(x)$ としては概ね 1.08366 となる数を考えていたのでした．1798 年のことです．彼は，最初は分母が $A \log x + B$ となる式を考えていたのですが，後になってそれを改良したのでした．このルジャンドルの式

$$\pi(x) \sim \frac{x}{\log x - 1.08366}$$

については，当時，対数積分 $Li(x)$ について考察していたガウスも，かなり注目をしていたようでした．なお上で述べたド・ラ・ヴァレ・プサンの式は，ルジャンドルの式における $A(x)$ を 1 と置いたものになっているわけです．

ところで素数定理 $\lim_{x \to \infty} \dfrac{\pi(x)}{x/\log x} = 1$ を前提とすれば，a を定数とするとき以下の式が成り立つことが示されます．

$$\lim_{x \to \infty} \frac{\pi(x)}{x/(\log x - a)} = \lim_{x \to \infty} \left(\frac{\pi(x)}{x/\log x} \cdot \frac{x/\log x}{x/(\log x - a)} \right)$$
$$= \lim_{x \to \infty} \left(\frac{\pi(x)}{x/\log x} \cdot \frac{\log x - a}{\log x} \right) = 1 \cdot 1 = 1$$

これにより，上の $a = 1.08366$ とするルジャンドルによる式，および $a = 1$ とするド・ラ・ヴァレ・プサンによる二つ式の成り立つことが示されます．

なお前掲の表 5.2（80 ページ）をもとに，$\dfrac{x}{\log x - 1}$ と $\dfrac{x}{\log x}$ の二つの式を比較しながら眺めてみると，前者がより $\pi(x)$ に近い数字を表している，ということがわかります．

表 5.3　$\pi(x)$ との比の推移

x	10^3	10^4	10^5	10^6	10^7	10^8
$\dfrac{\pi(x)}{x/\log x}$	1.1666	1.1316	1.1043	1.0844	1.0711	1.0612
$\dfrac{\pi(x)}{x/(\log x - 1)}$	0.9940	1.0098	1.0084	1.0059	1.0047	1.0036
$\dfrac{\pi(x)}{Li(x)}$	0.9438	0.9863	0.9960	0.9983	0.9994	0.9998

ここで一旦，整理をしておきます.

これまでの議論から，$\pi(x)$ に関して以下の式の成り立つことがわかりました.

$$\pi(x) \sim \frac{x}{\log x} \qquad \pi(x) \sim \frac{x}{\log x - 1} \qquad \pi(x) \sim \int_2^x \frac{dt}{\log t}$$

x にさまざまな数を代入した場合の，$\pi(x)$ の $\dfrac{x}{\log x}$, $\dfrac{x}{\log x - 1}$ および $Li(x)$ に対する比を計算したのが，表 5.3 になります. 比較しながらご覧ください. いずれの式の場合においても，x が大きくなるにつれ，それらの比は次第に 1 に近づく，という傾向がよくわかります（端数を切捨てた数字）.

第6章

素数の分布と配列の様子

6.1 素数の間隔は次第に大きくなります

　第1章において，素数はばらばらに存在している，ということについて述べてきました．この節では第5章で述べた素数定理

$$\pi(x) \sim \frac{x}{\log x} \qquad (x \to \infty)$$

をもとにしながら少し議論を深め，素数はどのように分布しているのであろうか，ということについてしばらく考えてみたいと思います．ここで $\pi(x)$ は，x 以下の素数の個数を表しています．

　この $\pi(x)$ はさらに二つの式

$$\pi(x) \sim \int_2^x \frac{dt}{\log t}$$
$$\pi(x) \sim \frac{x}{\log x - 1}$$

によって表されることについても既に述べました．そして二つの式のうち，最初の式で見られる積分は対数積分と呼ばれ，$Li(x)$ と書かれるのでした．

　$Li(x)$ は以前にも述べたように確かに精度が高いと言えるのですが，分析を進めるに際しては，$Li(x)$ よりは分数式で書かれた $\dfrac{x}{\log x - 1}$ のほうが式としてはシンプルであり，扱いやすいということが言えます．また第5章の表 5.2（80ページ）を見る限りは $\dfrac{x}{\log x}$ より $\dfrac{x}{\log x - 1}$ のほうが，より実態に近い数字を表していることがわかります．ですからここからは，このド・ラ・ヴァレ・プサンによる式をもとにしながら話を進めていくことにします．

　今の式を x で割った

$$F(x) = \frac{1}{\log x - 1}$$

は，x 以下の自然数全体に占める素数のおおまかな割合を表しています．または，素数である確率を表した式とも言えます．

たとえば二つの例を見てみると，$F(500) = 0.1917\cdots$ であり，また $F(1000) = 0.1692\cdots$ となります．実際に 500 以下，および 1000 以下の素数の個数はそれぞれ 95 と 168 ですから，この場合の割合はそれぞれ順に 0.19，0.168 になっており，いずれも $F(500)$ または $F(1000)$ に近い数であることが確かめられます．そしてこの式 $F(x)$ はまた，x が大きくなるにつれて素数の密度が小さくなる，すなわちまばらになることを表しています．

さらにこの式の逆数をとった

$$G(x) = \log x - 1$$

は x より小さい範囲にある，隣接する二つの素数の平均的な間隔を表した式になっています．たとえば x が 500 のときの $G(x)$ の値は

$$G(500) = \log 500 - 1 = 5.214\cdots$$

となります．これに関して，500 の手前にある 10 個の素数を見てみると，それらは順に 443，449，457，461，463，467，479，487，491，499 と続いていますが，このときの二つの素数の間隔は

$$6, \quad 8, \quad 4, \quad 2, \quad 4, \quad 12, \quad 8, \quad 4, \quad 8$$

となっています．

今の例を見るまでもなく，素数はばらばらに散らばっているのでした．このなかで，以降においては二つの式 $F(x)$ と $G(x)$ を使いながら，素数の分布についてのおおまかな傾向について，さらに調べてみたいと思います．

別に掲げた表 6.1（91 ページ）は，x が大きくなるにつれて素数の間隔が広がる様子について調べたものです．

表によれば，たとえば $G(10^4)$ の値は，$\log 10^4 - 1 = 8.210\cdots$ となっています．これに対して実際の 10^4 までの平均的な素数の間隔は，$\pi(10^4) = 1229$ ですから $10^4 \div 1229 = 8.136\cdots$ となります．ですから二つの数の間には，

表 6.1　素数の間隔が広がる様子（端数は切り捨て）

x	$\pi(x)$	${}^{(*)}x/\pi(x)$	${}^{(**)}\log x - 1$	$(**) - (*)$	$(**)/(*)$
1000	168	5.952	5.907	-0.0446	0.9925
10000	1229	8.136	8.210	0.0736	1.0090
100000	9592	10.425	10.512	0.0875	1.0083
1000000	78498	12.739	12.815	0.0763	1.0059
10000000	664579	15.047	15.118	0.0709	1.0047
100000000	5761455	17.356	17.420	0.0639	1.0036
1000000000	50847534	19.666	19.723	0.0566	1.0028

それほど大きな差はありません.

さらに $G(x) = \log x - 1$ と $x/\pi(x)$ を比較した, 他の例も見てみます.

$x = 10^6$ のときの $G(10^6) = 12.815$ に対して, $10^6/\pi(10^6) = 12.739$

$x = 10^8$ のときの $G(10^8) = 17.420$ に対して, $10^8/\pi(10^8) = 17.356$

このように, x 以下における二つの素数の平均的な間隔である $x/\pi(x)$ は, $G(x) = \log x - 1$ によって近似され表されていることがわかります.

つぎに今の二つの数の比を見てみると, それぞれ $12.815/12.739 = 1.0059$, および $17.420/17.356 = 1.0036$ となっています. さらに調べてみると, x が大きくなるにつれて, 二つの式の値の比は次第に 1 に近づくということが, 表 6.1 から読みとれます. すなわち $x \to \infty$ のとき, $G(x) = \log x - 1$ の $x/\pi(x)$ に対する比は $\to 1$ であることが予想されるのですが, 実はこれは正に素数定理が言っている内容そのものになります.

一般的な問題として, x が 10^n から 10^{n+1} になる, つまり x が 10 倍大きくなるごとに, そこに含まれている素数の間隔がどの程度大きくなっているのか, についても考えてみましょう.

結論としては, つぎのとおりです.

表 6.2 はいくつかの場合について見たものですが, これによれば, x が 10 倍大きくなるごとに間隔の差はほぼ 2.30 程度, すなわち $\log 10 = 2.302585 \cdots$ ずつ大きくなっている, ということがわかります. たとえば

表 6.2　$x/\pi(x)$ の差

x	10^3	10^4	10^5	10^6	10^7	10^8
間隔 : $\dfrac{x}{\pi(x)}$	5.952	8.136	10.425	12.739	15.047	17.356
$\dfrac{x}{\pi(x)}$ の差	1.952	2.184	2.288	2.313	2.308	2.309

$$\frac{10^8}{\pi(10^8)} - \frac{10^7}{\pi(10^7)} = 17.356 - 15.047 = 2.309$$

です．実際のところ，$x = 10^{n+1}$ 以下と $x = 10^n$ 以下における隣り合う二つの素数の平均的な間隔の差は

$$\frac{10^{n+1}}{\pi(10^{n+1})} - \frac{10^n}{\pi(10^n)}$$

ですから，これは近似的には

$$G(10^{n+1}) - G(10^n) = (\log 10^{n+1} - 1) - (\log 10^n - 1)$$
$$= (n + 1)\log 10 - n\log 10 = \log 10$$

で表されることになります．つまり，素数の間隔が広がる程度は n には無関係であり，x が 10 倍になると，どの区間をとった場合でも $\log 10$ ずつ広がるということになります．

　夜空を眺めていると，そこには無数の星が輝いています．さらに星々は，ばらばらに散らばっているように見えます．もちろん星は 3 次元の空間のなかに在り，素数は 1 次元の自然数がなす数列の上に散りばめられて在るのですが．ただ散在しているという点では，星々と素数の分布には似たところがあるのかもしれません．そんななか，素数の場合には素数定理というものがあるのです．

　素数の分布についてこれまでの議論をさらに進めると，つぎのようにまとめることができるのです．

　これまでに観察したところによれば，x が 10 倍になるごと，すなわち $x = 10$, $x = 10^2$, $x = 10^3$, ……　となるごとに，x 以下に含まれている素数の間隔はだいたい $\log 10$ ずつ広がるのでした．これに関してさらに一般論として考えた場合には，それはつぎのようになるのです．すなわち x について，$x = k$, $x = k^2$, $x = k^3$, ……　と k 倍ずつ大きくなるようにとった場合，x 以下にある隣接する素数の間隔は，だいたい $\log k$ だけ拡大するということが言えるのです．

　素数は確かに散らばって存在しています．しかしながら素数定理を通して広い範囲を眺めてみると，そこにはきちんとした秩序のあることが浮かび上がってくるのです．素数定理によって潜んでいたものが現れてより明らかになり，私たちはさらに理解を深めることができることになるのです．

6.2　n 番目の素数 p_n について探る

　数が大きくなるにともなって素数の平均的な間隔は広がり，したがって素数はますます疎になって存在するのでした．こうしたなかで，古くから関心を持たれていた問題にもなるのですが，n 番目に当たる素数 p_n は一体どのような数になるのでしょうか．そしてそれを表す，何か手がかりのようなものはあるのでしょうか．

　しかしながら実際には p_n を表す方法はありませんし，また，素数をつぎつぎと生み出すような式，いわば"素数製造器械"のようなものも存在しません．そこでこの節では少し視点を変えて，n 番目の素数 p_n にまつわる事項について，しばらく見ていくことにしたいと思います．

　x 以下には，n 個の素数がある場合について考えます．このとき隣接する素数の平均的な間隔は $\log x$ で表されるのでした．（ここでは $\log x - 1$ ではなく，より簡単な $\log x$ としています．）すると 2, 3, から数えて n 番目の素数 p_n までには n 個の素数があるわけですから，p_n はおおまかに言えば $\log x \times n$ と書かれることになります．厳密な議論は別として，間隔 $\log x$ が $\log n$ によって見なされるのであれば，p_n の近似式としては

$$n \log n$$

と書かれることになります．無理を承知で n 番目の素数を n だけで表そうとする場合には，まずはこのような式が考えられます．もちろんここでは，だいたいのことを考えながら話を進めているわけです．

表 6.3　n 番目の素数 p_n （端数は切捨て）

n	p_n	$n \log n$	$p_n - n \log n$	$n \log n / p_n$
100	541	460	81	0.8502
1000	7919	6907	1012	0.8722
10000	104729	92103	12626	0.8794
100000	1299709	1151292	148417	0.8858
1000000	15485863	13815510	1670353	0.8921
10000000	179424673	161180956	18243717	0.8983
100000000	2038074743	1842068074	196006669	0.9038

　$\log x$ を $\log n$ で置き換えることに際して，ここで表 6.3 をもとにある例を見てみましょう．

　$x = 15485863$ とすれば $n = 1000000$ となり，このときの比を見ると $n/x = 0.0645\cdots$ となっています．ところが今の二つの数 x と n の対数をとり，この場合の $\log x = 16.5554\cdots$ と $\log n = 13.8155\cdots$ の比を見ると $\log n / \log x = 0.8344\cdots$ となるのですが，これは n/x に比べると，確かに大分 1 に近い数字になっています．もちろんこれは，ひとつの現象に過ぎませんが．

　実際に n を大きくしていったときの，p_n と $n \log n$ の二つの数の関係を調べたのが表 6.3 です．

　この表によれば n が大きくなれば p_n と $n \log n$ の差は確かに大きくはなるのですが，p_n に対する $n \log n$ の比は，少しずつ大きくなりながらも，あるいは次第に 1 に近づくのではないかとも思われます．

　ところで上で述べた内容，すなわち p_n に対する $n \log n$ の比が次第に 1 に近づくのではないか，ということは実はそのとおりであり，正しいのです.

　これについては，素数定理

$$\lim_{x \to \infty} \frac{\pi(x)}{x/\log x} = 1$$

をもとにして，つぎのようにして示されます.

　素数定理において，$\pi(x)$ を n に置き換え，また x を p_n に置き換えると

$$\lim_{n \to \infty} \frac{n \log p_n}{p_n} = 1$$

となります．この式は素数定理，すなわち関数として書かれた極限を，$a_n = \dfrac{n \log p_n}{p_n}$ を一般項とする数列 $\{a_n\}$ の極限に置き換えたものになっています.

　そこで上の式の対数をとれば

$$\lim_{n \to \infty} (\log n + \log \log p_n - \log p_n) = 0$$

となります．よって

$$\lim_{n \to \infty} \left(\log p_n \cdot \left(\frac{\log n}{\log p_n} + \frac{\log \log p_n}{\log p_n} - 1 \right) \right) = 0$$

となるのですが，最初の項について $\lim_{n \to \infty} \log p_n \to \infty$ ですから

$$\lim_{n \to \infty} \left(\frac{\log n}{\log p_n} + \frac{\log \log p_n}{\log p_n} \right) = 1$$

が成り立つことになります．このとき，詳しくは後で説明しますが，カッコ内の第 2 項について

$$\lim_{n \to \infty} \frac{\log \log p_n}{\log p_n} = 0$$

であることにより

$$\lim_{n \to \infty} \frac{\log n}{\log p_n} = 1$$

が得られます．これをもとにして目指す式について考えると

$$\lim_{n \to \infty} \frac{n \log n}{p_n} = \lim_{n \to \infty} \left(\frac{n \log p_n}{p_n} \cdot \frac{\log n}{\log p_n} \right) = 1 \cdot 1 = 1$$

の成り立つことが示されます．したがって

$$p_n \sim n \log n$$

が言えることになります．

上の過程で見られる極限 $\lim_{x \to \infty} \dfrac{\log \log p_n}{\log p_n} = 0$ については，p_n を x に置き換えたときの

$$\lim_{x \to \infty} \frac{\log \log x}{\log x} = 0$$

が成り立つことを用いています．

この式について，ここで確かめておきます．

実際に，関数

$$f(x) = \frac{\log \log x}{\log x}$$

について，いくつかの場合を（小数点以下 3 桁まで）計算してみると，

$$f(10) = 0.362, \ f(10^3) = 0.279, \ f(10^6) = 0.190, \ f(10^9) = 0.146$$

などとなっています．この例からも，x が大きくなるにつれて $f(x)$ の値は次第に小さくなることが予想されます．

極限値が 0 であることをきちんと証明するために，ここでは第 5 章で述べたロピタルの定理を用いることにします．この定理を適用すると

$$\lim_{x \to \infty} \frac{\log \log x}{\log x} = \lim_{x \to \infty} \frac{(\log \log x)'}{(\log x)'}$$
$$= \lim_{x \to \infty} \frac{(1/\log x) \cdot (1/x)}{1/x} = \lim_{x \to \infty} \frac{1}{\log x} = 0$$

であることが示されます．

6.3　素数 p_n のふるまい

$p_n \sim n \log n$ ですから

$$p_{n+1} \sim (n+1) \log(n+1)$$

となります. 他方でロピタルの定理を用いることにより

$$n \log n \sim (n+1) \log(n+1)$$

であること示されます. これによって, 隣り合う二つの素数の関係について

$$p_{n+1} \sim p_n$$

が成り立つことになります.

n 番目の素数を p_n で表すとき, たとえば素数 $p_{100} = 541$, $p_{101} = 547$, $p_{200} = 1223$, $p_{201} = 1229$, $\cdots$ などから, p_{101}/p_{100}, p_{201}/p_{200}, p_{301}/p_{300}, $\cdots$ が求められます. そしてこれにより, 100 番目ごとの二つの素数がなす比の推移が得られることになります.

実際にこのときの比は, 順に 1.0110, 1.0049, 1.0030, 1.0029, 1.0028, 1.0027, 1.0003, $\cdots$ と推移していることがわかります (端数切捨て). ただ以降は 1.0016, 1.0005 と続いています. ですから比は単調に推移するのではなく, やはり波を打ちながらも次第に 1 に近づいていく, ということになります.

x が大きくなるとそこに含まれる素数の間隔はますます広がるのですが, これに対して隣接する二つの素数の比について言えば, それは次第に 1 に近づくということになるわけです.

この節の始めに, n/x (すなわち $\pi(x)/x$) と比較すると, 対数をとった式 $\log n / \log x$ (すなわち $\log \pi(x) / \log x$) の値は, より 1 に近い数になることについて述べました. これについて, もう少し詳しく見てみたいと思います.

$x \to \infty$ とするとき, x を分母とし $\pi(x)$ を分子とする式の極限は, 素数定理により, つぎのようになります.

$$\lim_{x \to \infty} \frac{\pi(x)}{x} = \lim_{x \to \infty} \left(\frac{\pi(x)}{x/\log x} \cdot \frac{1}{\log x} \right) = 1 \cdot 0 = 0$$

この式は $\pi(x)$ が大きくなる速さは x が大きくなる速さには及ばない, すなわち x が大きくなると素数の密度は疎になる, ということを述べています.

しかしながら今の式の分母, 分子のそれぞれの対数をとった場合には, 以

下で示されるように，様子が異なってきます.

先ほどの式変化のなかで得られた $\lim_{n\to\infty} \dfrac{\log n}{\log p_n} = 1$ において n を $\pi(x)$ に，また p_n を x に戻すと，つぎのようになります.

$$\lim_{x\to\infty} \frac{\log \pi(x)}{\log x} = 1$$

このように，$x \to \infty$ としたときの二つの数の比の極限は 1 になるのです. この結果は，なかなか興味のあるところです.

そこで念のために，表 6.1（91 ページ）を補足しながら実際に調べてみます. 実際に x が 10^4, 10^6, 10^8, 10^{10}, 10^{15}, 10^{20} の場合には，それぞれの $\log \pi(x)/\log x$ の値は順に

$$0.7723, \quad 0.8158, \quad 0.8450, \quad 0.8658, \quad 0.8983, \quad 0.9173$$

と推移していることがわかります. これによっても，値は次第に 1 に近づくことが読みとれます（小数点 5 桁以下を切捨てた数字）.

当然ですが，n が大きくなるとき，p_n はより速く大きくなると言えます. これについては $\lim_{n\to\infty} \dfrac{p_n}{n\log n} = 1$ ですから

$$\lim_{n\to\infty} \frac{p_n}{n} = \lim_{n\to\infty} \left(\frac{p_n}{n\log n} \cdot \log n \right) = \infty$$

となることからもわかります. これは上述の極限 $\lim_{x\to\infty} \dfrac{\pi(x)}{x} = 0$ の逆数をとった場合になります.

今の極限に関連して，こんどは分母の n を n^2 に変えてみます. すると以下のようになることがわかります.

$$\lim_{n\to\infty} \frac{p_n}{n^2} = \lim_{n\to\infty} \left(\frac{p_n}{n\log n} \cdot \frac{\log n}{n} \right) = 1 \cdot 0 = 0$$

n を大きくしたとき，もちろん p_n は大きくはなるのですが，それは n^2 が大きくなる速さにはおよばない，ということになります. なお今の場合 $\lim_{x\to\infty} \dfrac{\log x}{x} = 0$ であることを使っていますが，これについても，やはりロピタルの定理を用いて示されます.

ここで，今までの事項をまとめておきましょう．

　n が大きくなれば当然ですが，p_n も大きくなります．ただし p_n が大きくなる速さは，n よりは大きいのですが n^2 よりは小さい，さらに言えばそれは $n \log n$ とだいたい同じような速さである，ということになります．

第7章

等差数列に含まれる素数

7.1 等差数列と素数

素数 p を 3 で割ったときの余りは 1 または 2 ですから，$p \equiv 1 \bmod 3$ または $p \equiv 2 \bmod 3$ のいずれかになります（ここでは素数 3 を除きます）．そこで，素数をこの二つのグループに分けて書き出してみます．

1 mod 3 の素数は

$$7, 13, 19, 31, 37, 43, 61, 67, 73, 79, \cdots$$

と続きますが，これらの素数は初項が 1，公差が 3 の等差数列

$$1, 4, 7, 10, 13, 16, 19, 22, 25, 28, 31, \cdots$$

に含まれる数です．また 2 mod 3 の素数は

$$2, 5, 11, 17, 23, 29, 41, 47, 53, 59, \cdots$$

と続きますが，これらの素数は初項が 2，公差が 3 の等差数列

$$2, 5, 8, 11, 14, 17, 20, 23, 26, 29, 32, \cdots$$

に含まれる数です．なお，初項が 3 で公差が 3 の等差数列には，（3 を除けば）素数はありません．

ところで第 1 章でも述べたのですが，2, 3 を除くと，素数になり得るのは $n = 0, 1, 2, 3, \cdots$ として $6n + 1$ または $6n + 5$ で表される数であり，当然ですが $6n, 6n + 2, 6n + 3, 6n + 4$ で表される素数はありません．ですから上の二つの数列との関係について言えば，1 mod 3 の素数は初項が 1，公差が 6 の等差数列に含まれる数であり，また 2 mod 3 の素数は（初めの 2 を除くと）初項が 5，公差が 6 の等差数列に含まれる数，ということになります．

つぎに，mod3 で分けたときの二つの数列に含まれる，それぞれの素数の個数について調べてみます．

1 mod 3 および 2 mod 3 となる素数の個数は，それぞれ

　　50 以下では，6 と 8

　　100 以下では，11 と 13

　　200 以下では，21 と 24

となっています．今の例を見ていると，二つの素数はだいたい同じような数で増えていて，個数には大きな差はないように思われます．

　もうひとつの例を見てみましょう．

　素数の 1 の位の数字は，2 と 5 を除けば 1, 3, 7 または 9 になります．そこで素数をこのように 1 の位によって 4 種類に分けた場合の，それぞれの個数を調べてみます．

　たとえば 500 以下の場合には，1 の位が 1, 3, 7, 9 の素数の個数は順に

$$22, \quad 24, \quad 24, \quad 23$$

となっています．さらに x を大きくとり，50000 以下の場合について調べてみると，個数は順に

$$1274, \quad 1290, \quad 1288, \quad 1279$$

となっています．今の例によれば，各グループに含まれる素数の個数は，だいたい同じくらいである，ということがわかります．

　大きさによって分けたときの各ゾーンに含まれる 4 種類の素数の個数を，もう少し詳しく調べてみたのが表 7.1 です．つぎに表 7.2 は，分類された 4 種類の素数の個数を割合で表したものです．これによれば，どの場合においても各グループの素数の個数はだいたい同じであり，全体のほぼ 4 分の 1 ずつ占めていることがわかります．（ここでは素数 2, 5 を除き，また数字は四捨五入して求めたものであるため，合計は 100 になるとは限りません．）

　これまでに素数の個数について，二つの例をもとにして調べてきました．

表 7.1　1 の位が 1, 3, 7, 9 の素数の個数

以上-未満	1	3	7	9	合計
0–1000	40	42	46	38	168
1000–10000	266	268	262	265	1061
10000–100000	2081	2092	2103	2087	8363
100000–1000000	17230	17263	17210	17203	68906

表 7.2　1 の位が 1, 3, 7, 9 の素数の割合（%）

以上-未満	1	3	7	9
0–1000	23.81	25.00	27.38	22.62
1000–10000	25.07	25.26	24.69	24.98
10000–100000	24.88	25.01	25.15	24.96
100000–1000000	25.01	25.05	24.98	24.97

　初めの例は，初項が 1 または 2 で，公差が 3 の等差数列に含まれる素数の個数を見てきました．また二つ目の例では，初項が 1, 3, 7 または 9 で，公差が 10 の等差数列に含まれる素数の個数について調べてきたわけです．このとき，いずれの場合においても，それぞれの数列に含まれる素数の個数はだいたい同じである，ということになるのでした．

　では等差数列に含まれる素数ついて，一般的にも同じようなことが言えるのでしょうか．

　これに関しては，実はつぎのことが知られているのです．すなわち，（初項と公差が素である）等差数列に含まれる素数について，公差が同じであれば初項には関係なく，素数の個数はほぼ同じくらいになって分布しているのです．

　素数はいわばばらばらに散らばって存在しているのですが，素数の個数に関しては，このように規則的なところが見られる，ということが言えるのです．考えてみれば，なにか不思議な思いがしてきます．

　この点に関しては，以降においてもう少し詳しく見ていきたいと思います．

7.2　1 mod 4 と 3 mod 4 の素数の場合

　法 4 をもとに考えたとき，素数となり得る数は，2 を除けば 1 mod 4 また
は 3 mod 4 のいずれかになります．そこで 100 未満の素数を二つに分けて
書き出してみると，それらはつぎのようになっています．

　素数 $p \equiv 1 \bmod 4$，すなわち初項が 1 で公差が 4 の等差数列に含まれる素
数は

$$5, 13, 17, 29, 37, 41, 53, 61, 73, 89, 97$$

となっています．また素数 $p \equiv 3 \bmod 4$，すなわち初項が 3 で公差が 4 の等
差数列に含まれる素数は

$$3, 7, 11, 19, 23, 31, 43, 47, 59, 67, 71, 79, 83$$

となっています．そしてこの場合の素数の個数は，それぞれ 11 と 13 となっ
ています．また同様に 300 未満の個数を調べてみると，それぞれ 29，32 と
なります．こうしてみると 1 mod 4 と 3 mod 4 の素数の個数の間には，や
はり目立った大きな差は無いように思われます．

　なお以降でも，二つの素数を簡単に，$p_{1 \bmod 4}$ または $p_{3 \bmod 4}$ と書き表す
ことがあります．

　$p_{1 \bmod 4}$ と $p_{3 \bmod 4}$ の二つの素数の違いを最もよく表したもののひとつ
が，整数 x についての 2 次式 $x^2 + 1$ を素因数分解したときに現れる素数，
についての問題でした．

　少し復習をしておきましょう．

　たとえば $11^2 + 1 = 122 = 2 \cdot 61$，および $12^2 + 1 = 145 = 5 \cdot 29$ となって
おり，また $13^2 + 1 = 170 = 2 \cdot 5 \cdot 17$ となるのですが，さらに見ていくと，
このとき素因数に分解したときに右辺に現れる素数は $2, 5, 13, 17, 29, 37, \cdots$
などとなっていることがわかります．すなわち，$x^2 + 1$ の素因数分解にお
いては，それが偶数の場合には素数 2 が現れるのですが，その他はすべてが
$4n + 1, (n = 0, 1, 2, \cdots)$ で書かれる素数となって現れるのです．ですから，
ここでは $4n + 3$ で書かれる素数は見られないということになります．

これについては既に述べたように，平方剰余の相互法則に関連する第一補充法則によって説明がなされるのでした．

ところで，素数の個数は無限であることについては，既に述べてきました．そこでつぎの問題として，素数を 4 で割ったときの余りである 1 または 3 によって二つのグループに分けたときの個数について考えた場合，どちらかの少なくともひとつのグループにおいて素数の個数は無限であることは当然ですが，では他のグループにおける素数の個数はどのようになっているのでしょうか．無限なのでしょうか，それとも有限なのでしょうか．

結論を先に言えば，実は二つのグループとも，それに含まれる素数は無限にあるのです．

そこでこの問題について，実際に証明をしてみたいと思います．

最初に，素数 $p_1 \bmod 4$ の無限性についてですが，これに関しては以下のようにして示されます．

任意の n 個の異なる素数 $p_1 \bmod 4$ を，$p_1, p_2, \cdots, p_n$ とします．このとき，自然数

$$N = 4(p_1 p_2 \cdots p_n)^2 + 1$$

が存在します．N が素数であれば N は $4m+1$（m は自然数）の形なので，$p_1, p_2, \cdots, p_n$ 以外の素数 $p_1 \bmod 4$ が存在することになります．N が合成数であれば N は $p_1, p_2, \cdots, p_n$ のいずれで割っても 1 余るので，それら以外の素因数 p をもつことになります（ただしこの時点では，これが $p_1 \bmod 4$ であるのか，または $p_3 \bmod 4$ であるのかについてはわかりません）．ここで $x = 2p_1 p_2 \cdots p_n$ とすると N は $x^2 + 1$ で表され

$$N \equiv x^2 + 1 \equiv 0 \bmod p$$

と書かれます．このときの素数 p には，既に述べたように $p_1 \bmod 4$ だけが含まれることなります．

いずれの場合においても，N は $p_1, p_2, \cdots, p_n$ とは異なる $p_1 \bmod 4$ を因数としてもつことになり，よって素数 p_{n+1} が存在することがわかります．

これを繰り返すことにより，素数 $p_{1 \bmod 4}$ はいくらでも在るということがわかります．

ここで今の場合の例を見ておきましょう．

$p_1 = 5$ のときの $N = 4 \cdot 5^2 + 1 = 101$，および $p_2 = 13$ のときの $N = 4(5 \cdot 13)^2 + 1 = 16901$ は，いずれも $p_{1 \bmod 4}$ の素数です．つぎに $p_3 = 17$ のときの $N = 4(5 \cdot 17)^2 + 1 = 28901$ は $p_{1 \bmod 4}$ の素数ですが，$p_4 = 29$ のときの $N = 4(5 \cdot 29)^2 + 1 = 84101 = 37 \cdot 2273$ は合成数であり，このときの $37 = 4 \cdot 9 + 1$ および $2273 = 4 \cdot 568 + 1$ はいずれも $p_{1 \bmod 4}$ の素数です．

このようにして，つぎつぎと $p_{1 \bmod 4}$ が現れることがわかります．

つぎは，素数 $p_{3 \bmod 4}$ の無限性についての問題です．この場合においては，上で述べた $p_{1 \bmod 4}$ とは少し異なった方法によります．

任意の n 個の異なる素数 $p_{3 \bmod 4}$ を，$p_1(= 3), p_2, p_3, \cdots, p_n$ とします．このとき，自然数

$$N = 4p_2 p_3 \cdots p_n + 3$$

が存在します．

N が素数であれば N は $4m + 3$（m は自然数）の形なので，$p_1, p_2, p_3, \cdots, p_n$ 以外の素数 $p_{3 \bmod 4}$ が存在することになります．

N が合成数であれば N は $p_2, p_3, \cdots, p_n$ のいずれで割っても 3 余るので，これら $p_2, p_3, \cdots, p_n$ および 3 以外の素因数をもつことになります．ここで $x = p_2 p_3 \cdots p_n$ とすると N は $4x + 3$ と表されます．よって N の素因数のなかには，少なくともひとつの $p_{3 \bmod 4}$ が含まれなければなりません．なぜなら，N の素因数のすべてが $4m_j + 1$（$m_j(j = 1, 2, \cdots)$ は自然数）で表されるとすると，つぎのことが言えるのです．まず素因数が二つの場合には

$$(4m_1 + 1)(4m_2 + 1) = 4(4m_1 m_2 + m_1 + m_2) + 1$$

となるのであり，つまり $4m + 1$ の形となるのです．また $4m_j + 1$ の形の素因数が 3 個以上の場合でも，同様な演算を重ねることで，やはり $4m + 1$ の

形となることが示されます．したがって $4x + 3$ となるためには，少なくとも
ひとつの $4m + 3$ の形の素因数が含まれなければならない，ことになります．

逆に，たとえば $4m + 3$ の形の素数に $4n + 1$（n は自然数）の形の素数ま
たは合成数を掛けると，$4x + 3$ の形の合成数になることが容易に確かめられ
ます．

いずれの場合においても N は $p_1, p_2, \cdots, p_n$ とは異なる $p_{3 \bmod 4}$ を因数
にもつことになり，よって新たな素数 p_{n+1} が存在することがわかります．

これを繰り返せば，素数 $p_{3 \bmod 4}$ はいくらでも存在することがわかります．

ここでも，いくつかの例をみておきましょう．

$p_2 = 7$ のときの $N = 4 \cdot 7 + 3 = 31$ は，$4m + 3$ の形の素数です．さらに
$p_3 = 31$ とすると $N = 4 \cdot (7 \cdot 31) + 3 = 871 = 13 \cdot 67$ となりますが，この
場合 $67 = 16 \cdot 4 + 3$ であり，67 は $4m + 3$ の形の素数です．

もう少し見てみます．$p_2 = 7, p_3 = 11$ のときの $N = 4 \cdot (7 \cdot 11) + 3 = 311$
は，$4m+3$ の形の素数です．さらに $p_4 = 19$ とすると $N = 4 \cdot (7 \cdot 11 \cdot 19) + 3 =$
5855 となるのですが，この場合，$5855 = 5 \cdot 1171$ と素因数分解され，この
ときの $1171 = 4 \cdot 292 + 3$ は $4m + 3$ の形の素数です．

こうして順次，素数 $p_{3 \bmod 4}$ が現れることになります．

7.3 ディリクレによる二つの定理

私達はこれまでに，素数の個数は無限であることを見てきました．また，
4 で割ったときの余りが 1 となる素数，および 4 で割ったときの余りが 3 と
なる素数の二つに分けたとき，それぞれのグループには素数が無限にある，
ということが言えるのでした．

つぎに，x 以下の素数を 3 で割ったときの余りである 1 または 2 により二
つのグループに分けたとき，および，x 以下の素数を 1 の位によって，すな
わち 10 で割ったときの余りである 1, 3, 7 または 9 により 4 種類のグループ
に分けたとき，二つのいずれの場合も，それぞれのグループには，だいたい
同じくらいの個数の素数が含まれている，ということも見てきました．

　それではこのようにある数で割った余りによって素数を分けたとき，それ
ぞれのグループには素数が無限にある，ということが言えるのでしょうか．
またそれぞれのグループにおいて，x 以下にある素数の個数は同じくらいあ
る，と言えるのでしょうか．

　換言すれば，初項と公差が素である等差数列について，一般的に以下のこ
とが言えるのでしょうか．すなわち公差が同じである等差数列には，初項と
は関係なく，いずれも無限の素数が含まれているのでしょうか．またはそう
ではなく，個数が有限となる数列があるのでしょうか．またそれぞれの数列
において，x 以下の範囲に含まれる素数の個数は同じくらいであると言える
のでしょうか．

　上で述べた，等差数列に含まれる素数の個数の問題に関しては，実は明確
に結論が得られているのです．それを述べているのがディリクレによる，素
数に関しての二つの定理です．
　そこで先に，これに関するディリクレの算術級数定理というものについ
て，ここで要約しておきましょう．

　初項 k と公差 n（ただし $1 \leq k < n$）が素である，等差数列について考え
ます．
　結論を先に言えば，このような数列においては素数が無限に存在する，と
いうことが知られています．ディリクレによって 1837 年に示されたこの定
理は，ディリクレの算術級数定理と呼ばれています．なおここで言う算術級
数とは，私達が今日使っている等差数列のことです．この定理の証明には，
現在ではディリクレ指標として知られているものが使われ，またディリクレ
の L 関数が用いられるなど，彼によって新たな手法が導入されたのでした．
このディリクレ指標およびディリクレの L 関数については，後の第 10 章に
おいてふれたいと思います．
　たとえば第 2 節で議論した 1 mod 4 の素数，および 3 mod 4 の素数に
関して言えば，このディリクレの算術級数定理において，それぞれが初項
$k = 1$ または 3，公差 $n = 4$ と置いたときの等差数列になります．ですから

この場合の二つの数列においては，素数が無限に含まれていることになります．また 1 の位が 1, 3, 7 または 9 となる素数の個数に関して言えば，この定理において，初項 $k = 1, 3, 7, 9$，公差 $n = 10$ とした場合の等差数列になります．ですから，1 の位で分けた 4 種類の素数の個数はいずれも無限である，ということになります．

ここで記号 $\sim$ について少し復習しておきますと，$x \to \infty$ のとき $f(x)$ と $g(x)$ の比が $\to 1$ となるとき，$f(x) \sim g(x)$ と表すのでした．すなわちこれは，x が大きくなれば $f(x)$ と $g(x)$ の差は（元の $f(x)$ または $g(x)$ に対して），相対的に小さくなることを意味しています．

初項が k で，公差が n（k と n は素）の等差数列において，x 以下の範囲に含まれている素数の個数を $\pi_{n,k}(x)$ で表します．すなわち $\pi_{n,k}(x)$ は，x 以下の $k \bmod n$ となる素数の個数を表す関数です．この場合，$x \to \infty$ とすれば $\pi_{n,k}(x)$ は x 以下の素数の個数 $\pi(x)$ をオイラー関数 $\varphi(n)$ で割った数によって表されます．素数定理により

$$\pi(x) \sim \frac{x}{\log x}$$

ですから，$\pi_{n,k}(x)$ は

$$\pi_{n,k}(x) \sim \frac{x}{\varphi(n) \log x}$$

で表されることになります．なお前にも述べましたが，$\varphi(n)$ は n 以下で，n と素である自然数の個数を表しています．

ここで注目したいのが，$\pi_{n,k}(x)$ は初項 k とは無関係であり，$\varphi(n)$ すなわち公差 n によって決まる，ということです．実際のところ，左辺にある k は右辺では見られません．

たとえば，x 以下の範囲にある，1 の位 k で分けた 4 種類の素数の個数 $\pi_{10,k}(x)$ については，つぎのようになります．すなわち $\pi_{10,k}(x)$ は k によることなく，$\varphi(10) = 4$ を上の式に適用して，いずれも

$$\pi_{10,k}(x) \sim \frac{x}{4 \log x} \qquad (k = 1, 3, 7, 9)$$

と表されます．これは，最初の節で述べた内容に一致しています．（10 以下
の数で 10 と素となる数は，$1, 3, 7, 9$ の 4 個ありますから，$\varphi(10) = 4$ です．）

　$x \to \infty$ とすれば，1 の位で分けた 4 種類の素数の個数はいずれも無限
となるのですが，この場合の大きくなる速さはだいたい同じである，とい
うことになります．関数によっては速さには差がある，たとえば二つの関
数 $f(x) = x$ と $g(x) = x^2$ の場合を見ると，$x \to \infty$ のときいずれの関数も
$\to \infty$ となるのですが，その速さにおいては大きな差があります．

　そして x 以下の範囲に含まれる，初項が 1 で公差が 3 の等差数列にあ
る素数（$7, 13, 19, \cdots$），および初項が 2 で公差が 3 の等差数列にある素数
（$2, 5, 11, \cdots$）の個数については，いずれも同じ

$$\pi_{3,k}(x) \sim \frac{x}{2 \log x} \qquad (k = 1, 2)$$

で表されます．また初項が 1 または 3 で，公差が 4 の等差数列にある素数の
個数についても同じようなことが言えます．

　ところで先に挙げた $\pi_{n,k}(x)$ についての式は，極限によって

$$\lim_{x \to \infty} \frac{\pi_{n,k}(x)}{\pi(x)} = \frac{1}{\varphi(n)}$$

と表されることになります．これは $\pi(x)$ における $\pi_{n,k}(x)$ の密度を表した
式，ということになります．

　以上で述べたように，ある n についての $\pi_{n,k}(x)$ は，どのような k であっ
ても同じようになるのですが，さらにこのとき，つぎのような極限が成り立
ちます．

　たとえば $n = 4$ の場合の $\pi_{4,1}(x)$，$\pi_{4,3}(x)$ について，$x \to \infty$ とすれば二
つの比は 1 に近づく，すなわち

$$\pi_{4,1}(x) \sim \pi_{4,3}(x)$$

が言えることになります．ここで $\pi_{4,1}(x)$ は x 以下の $1 \bmod 4$ の素数の個数
を，また $\pi_{4,3}(x)$ は x 以下の $3 \bmod 4$ の素数の個数を表しています．

　また 1 の位によって分けたときの 4 個のグループに含まれる素数の個数

表 7.3　素数の比 $\pi_{10,1}(x)/\pi_{10,3}(x)$ などの推移（端数は切捨て）

x	1000	5000	10000	50000	100000	1000000
$\pi_{10,1}(x)/\pi_{10,3}(x)$	0.9523	0.9476	0.9870	0.9875	0.9937	0.9975
$\pi_{10,3}(x)/\pi_{10,7}(x)$	0.9130	1.0177	1.0064	1.0015	0.9962	1.0022
$\pi_{10,7}(x)/\pi_{10,9}(x)$	1.2105	1.0368	1.0165	1.0070	1.0087	1.0014
$\pi_{10,9}(x)/\pi_{10,1}(x)$	0.9500	1.0000	0.9901	1.0039	1.0012	0.9987

$\pi_{10,1}(x)$, $\pi_{10,3}(x)$, $\pi_{10,7}(x)$, $\pi_{10,9}(x)$ のうちのいずれか二つを組み合わせた場合についても，同じように〜を使った式によって表されます．実際にいくつかの場合について，二つの $\pi_{10,k}(x)$, $(k=1,3,7,9)$ の比の推移を計算をしてみると表 7.3 のようになっています．この表によれば，x が大きくなると二つの $\pi_{10,k}$ の比は，傾向として次第に 1 に近づくということが読みとれます．

これまでの内容をまとめておきましょう．

自然数からなる等差数列について，公差が n の数列の個数は n 個あるのですが，そのなかで素数が含まれる数列は $\varphi(n)$ 個あります．この場合，$\varphi(n)$ 個あるそれぞれの数列においては，素数が無限に存在する，ということが言えるのです．また各数列に含まれている素数の個数は，どの範囲においてもだいたい同じとなる，つまり，各数列における素数の分布にはむらがなく，同じように分布しているということになります．

ディリクレは，これまでに述べたような等差数列に含まれる素数の個数の問題についての取り組みを進めてきました．

研究を重ねたディリクレは，k と n が素であれば，素数 p を n で割った余りが k となる素数は，（初項が k で公差が n の等差数列において）どのような k の場合であっても，個数が平等になって分布している，ということを示しました．ただこの証明に際してディリクレは，素数定理の成り立つことを仮定していたのでした．彼がこの問題に取り組んでいた当時，すなわち 1800 年代の前半においては，素数定理の証明はまだ未解決の問題であったので

す．しかしながら 1896 年になると，アダマールとド・ラ・ヴァレ・プサンが
それぞれ素数定理を証明することになるのですが，これによって $\pi_{n,k}(x)$ に
ついての式が示されることになったわけです．これは，ディリクレの素数定
理と呼ばれています．

　ディリクレの算術級数定理は，$k \bmod n$ の素数は無限に存在することを述
べているのでした．これに対してディリクレの素数定理は，$k \bmod n$ の素数
は k に関係なく平等に存在していること，かつそれらの個数が無限大となる
大きさの程度を表している，と言えることになります．

第8章

ゼータ関数入門

8.1　ゼータ関数とは？

　素数の配列というものは，まるでとびとびの状態であることについて，これまでに述べてきました．では少し視点を変えたとき，このようにばらばらに在る素数が，ひとつの数式のなかにおいて表現される，というようなことは，果たしてあるのでしょうか？

　先に結論を言えば，その答えは実はイエスなのです．そしてそれを見事なまでに表した式が，ここからのテーマであるゼータ関数と呼ばれる無限級数なのです．ですからゼータ関数を詳しく調べることによって，素数に潜んでいる不思議な一面を知ることができることにもなるのです．

　この章では，前半でゼータ関数というものについて説明をしていきます．続いて後半では，いよいよ素数と，このゼータ関数の関係について見ていきたいと思います．

　まずは，ゼータ関数のひとつの例を見てみたいと思います．

$$1 + \frac{1}{2^2} + \frac{1}{3^2} + \frac{1}{4^2} + \frac{1}{5^2} + \frac{1}{6^2} + \cdots = \frac{\pi^2}{6}$$

上の式は，分子が 1 で分母が自然数 $1, 2, 3, \cdots$ の 2 乗である分数を，順番にどこまでも足していったときの無限級数になっています．そしてこの式は，よく知られている和を表す記号 $\sum$ を用いた場合には

$$\sum_{n=1}^{\infty} \frac{1}{n^2} = \frac{\pi^2}{6}$$

と書き表されます．

　同じように分子は 1，また分母に自然数の 4 乗をとった場合には，以下の

ようになります.

$$1 + \frac{1}{2^4} + \frac{1}{3^4} + \frac{1}{4^4} + \frac{1}{5^4} + \frac{1}{6^4} + \cdots = \frac{\pi^4}{90}$$

　ところで上で挙げた級数の値は, いずれも円周率である π を使って書かれていることがわかります. 今の場合では 2 乗, または 4 乗の逆数の和をとっていますが, 実はこのように, 分母が偶数のべき乗からなる和は,「有理数 $\times \pi$ の偶数のべき乗」という形で表されるのです. なお有理数とは, 整数または分数を言うのでした.

　それにしても, ゼータ関数という無限級数の値が円周率 π で表されるということは, とても不思議に思われます. なにしろ左辺にある級数を見ている限りでは, 円周率についての情報が含まれているとはとても思えませんから.

　上で挙げた値が $\frac{\pi^2}{6}$ となるべきが 2 のゼータ関数は. 後になってリーマンが用いた記号により, $\zeta(2)$ と書き表されます. 実はオイラーによるこの無限級数をゼータ関数と呼んだのはリーマンでした. ζ はギリシア文字で, 通常使われるアルファベットの文字 z にあたります. そして一般的に, べき s を変数とするゼータ関数は $\zeta(s)$ と表されます.

　ゼータ関数は, 18 世紀の著名な数学者であるオイラーによるものです.

　当時, 自然数の 2 乗の逆数がなす無限級数の値を求めることはバーゼル問題と言われ, 数学者の間では大きな話題となっていたのでした. このなかでオイラーは考察を重ね, 試算を行うなかで値を見出すことができ, 難しいと思われていた問題を解決したのでした. 値が円周率 $\pi (= 3.141592 \cdots)$ で書かれるということは, オイラーも予想してはいなかったようでした.

　オイラーは $\zeta(2)$ の他に, $\zeta(4), \zeta(6), \cdots$ など $\zeta(26)$ までのゼータ関数の正の偶数での値を求めています. 当時はもちろん, コンピュータが無かったころのことですから, オイラーの抜群の計算力には, ただただ驚くばかりです. ここで三つの例を挙げておきましょう. 値はいずれも円周率 π で表されています.

$$\zeta(6) = \frac{\pi^6}{946} \qquad \zeta(8) = \frac{\pi^8}{9450} \qquad \zeta(10) = \frac{\pi^{10}}{93555}$$

なお $\zeta(26)$ の値は分母が 20 桁, 分子が 7 桁の分数に π^{26} を掛けた数になり

ます.

オイラーは，1707 年に，スイスのバーゼルで生まれました．14 才でバーゼル大学に入学したオイラーは，そこでヨハン・ベルヌーイに出会い，多くを学ぶ機会に恵まれました．それは，その後，数学への道を目指すひとつの契機にもなったのです．そして彼は 76 年にわたる生涯を，バーゼルの他にロシアのサンクト・ペテロブルクやベルリンなどで過ごしています．オイラーは，いわば斬新的な手法によってゼータ関数の値を求めたのでしたが，このバーゼル問題の解決によって，彼は一層世に知られることにもなりました．

ところでスイスのバーゼルには，ベルヌーイの家族が住んでいましたが，オイラーは，その一人であるヤコブ・ベルヌーイによるベルヌーイ数について知ることになります．そしてオイラーは後に，これ用いてゼータ関数の値を表す式を導いたのでした．なおヤコブ・ベルヌーイの弟であるヨハン・ベルヌーイの次男にあたるダニエル・ベルヌーイは，流体力学の分野での研究においてよく知られている人物です．オイラーは，そのダニエル・ベルヌーイとも親しい友人関係にあったのです．

無限級数はどこまでも続く項を足していったものですが，これまでにも見たような $\zeta(2) = \frac{\pi^2}{6}$ や $\zeta(4) = \frac{\pi^4}{90}$ などの級数は，いずれも値が得られて収束する場合の例でした．実は，このゼータ関数 $\zeta(s)$ に関しては，べき s について $s > 1$ が収束するための条件になります．

これについては，つぎのようにして示されます．なおここでは二つの図形をイメージし，面積を比較するところから始めます，

$s > 1$ とする関数 $y = \frac{1}{x^s}, (x > 0)$ を考えます．

この関数は，xy 平面上で単調に減少する曲線を描きます．このとき $x = n-1, (n \geq 2)$, x 軸, $x = n$, およびこの曲線によって囲まれた図形は，$x = n-1$, x 軸, $x = n$, および直線 $y = \frac{1}{n^s}$ によって囲まれた長方形を含みます．よって

$$\frac{1}{n^s} \times 1 \leq \int_{n-1}^{n} \frac{1}{x^s} dx$$

となります．そこでこの式で n についての和 $\sum_{n=2}^{\infty}$ を考えれば，つぎの式

が成り立ちます.

$$\sum_{n=1}^{\infty}\frac{1}{n^s} = 1 + \sum_{n=2}^{\infty}\frac{1}{n^s} \leq 1 + \sum_{n=2}^{\infty}\int_{n-1}^{n}\frac{1}{x^s}dx = 1 + \int_{1}^{\infty}\frac{1}{x^s}dx = 1 + \frac{1}{s-1}$$

したがって $\zeta(s)$ の値は $1 + \dfrac{1}{s-1}$ 以下となり，収束することがわかります.

　この節の最後に，ゼータ関数と関係のあるリーマン予想という問題についても述べておきましょう.

　オイラーは，実数 s を変数とするゼータ関数 $\zeta(s)$ を扱ってきました．しかし後の 19 世紀に活躍したリーマンは複素数まで範囲を広げ，$s = \sigma + it$ を変数とするゼータ関数についての研究をしたのでした.

　複素関数としてのゼータ関数 $\zeta(s)$ は s の実部 σ に対し，$\sigma > 1$ において絶対収束するのですが，実は解析接続されることにより，複素全平面で意味のある関数になります．ただし $s = 1$ では極となり，発散します（これまでに見てきたように，変数 s が実数であるゼータ関数 $\zeta(s)$ は $s > 1$ であれば収束するのでした）.

　リーマンによる 1859 年の論文は，素数の個数の問題をテーマとして書かれたものですが，ゼータ関数の零点（$\zeta(s) = 0$ となるときの s の値）の問題についてもふれています．負の偶数に対しては $\zeta(-2) = 0$，$\zeta(-4) = 0$ などとなり，$s = -2, -4, -6, \cdots$ は自明な零点と呼ばれています．しかし，これらを除くと $\zeta(s)$ の零点は複素数 s の実部 σ がすべて $\dfrac{1}{2}$ となるであろう，ということをリーマンは予想しました．これがリーマン予想と呼ばれている問題です.

　たとえば虚部 t が小さい零点としては

$$\frac{1}{2} \pm i14.134\cdots \qquad \frac{1}{2} \pm i21.022\cdots \qquad \frac{1}{2} \pm i25.010\cdots$$

などが挙げられます.

　コンピュータの発達もあってリーマン予想を裏付ける数多くの事例が見つかっており，予想が正しいであろうことは，多くの人の認めるところです．しかしながら，彼の論文が発表されてから 160 年以上が経過した今日でも，

この予想が証明されるに至ってはいないのです.

8.2 ベルヌーイ数とゼータ関数

はじめに，上でふれたゼータ関数の値を導くためのオイラーの式について述べておきます.

正の偶数べきのゼータ関数 $\zeta(2m)$ の値は，ベルヌーイ数と呼ばれる B_{2m} を用いた以下の式によって求められます.

$$\zeta(2m) = \frac{(-1)^{m-1}(2\pi)^{2m}B_{2m}}{2(2m)!}, \quad (m = 1, 2, 3, \cdots)$$

この式によれば，値は円周率を使い，有理数に π^{2m} を掛けた値で表示されることがわかります（以下で述べますが，B_{2m} は有理数です）.

ここで見られるベルヌーイ数 B_m というものについて，要約して説明をしておきましょう，

ベルヌーイ数とは，つぎの式によって定められる数です.

$$_{m+1}C_0 \cdot B_0 + {}_{m+1}C_1 \cdot B_1 + {}_{m+1}C_2 \cdot B_2 + \cdots + {}_{m+1}C_m \cdot B_m = m + 1$$

上の式で使われている記号について

$$_{m+1}C_k = \frac{(m+1)!}{(m+1-k)! \cdot k!}, \quad (k = 0, 1, 2, \cdots, m)$$

ですが，これは異なる $m+1$ 個のものから順序を問わないで k 個選ぶときの，組み合わせの総数を表しています. なお以前にもふれましたが，文献によっては，組み合わせを表す記号 $_{m+1}C_k$ を，これとは異なった表示で書き表される場合があります.

そこで上の式から，$B_0, B_1, B_2, \cdots$ の値を順に求めておきましょう.

上の式で $m = 0$ とおくと，左辺は初項だけが残り $_1C_0 = 1$ ですから $1 \cdot B_0 = 1$ となり，$B_0 = 1$ が得られます.

つぎに $m = 1$ の場合には，$_2C_0 = 1$ および $_2C_1 = 2$ を使い，上の式をもとにして，$1 \cdot B_0 + 2 \cdot B_1 = 2$ が得られるのですが，この式に先ほどの

$B_0 = 1$ を代入すると，$B_1 = \dfrac{1}{2}$ となります．

そして $m = 2$ とおいた場合には，式は $B_0 + 3 \cdot B_1 + 3 \cdot B_2 = 3$ となり，これにより B_2 の値が得られます．

さらに B_3 以降についての式が続くのですが，同様な計算を行うことにより，ベルヌーイ数 B_m の値がつぎつぎと求められることになります．そこで，B_m の始めのいくつかの部分を書いておきましょう．

$$B_0 = 1, \quad B_1 = \frac{1}{2}, \quad B_2 = \frac{1}{6}, \quad B_3 = 0, \quad B_4 = -\frac{1}{30}, \quad B_5 = 0$$

$$B_6 = \frac{1}{42}, \quad B_7 = 0, \quad B_8 = -\frac{1}{30}, \quad B_9 = 0, \quad B_{10} = \frac{5}{66}, \quad \cdots\cdots$$

このようにベルヌーイ数は，整数もしくは分数である有理数になります．また m が奇数のときには，B_1 を除いて $B_m = 0$ となります．

ここでベルヌーイ数を用いた，ゼータ関数 $\zeta(2m)$ の値の例をひとつ見ておきましょう．たとえば $m = 2$ のときには $B_4 = -\dfrac{1}{30}$ ですから，これを $\zeta(2m)$ の式に適用すると

$$\zeta(4) = \frac{(-1)^1 \cdot (2\pi)^4}{2 \cdot 4!} \cdot \left(-\frac{1}{30}\right) = \frac{\pi^4}{90}$$

となることがわかります．

ベルヌーイ数の由来について，少し説明をしておきます．

ベルヌーイ数は，スイス北部にあるバーゼル生まれの，ヤコブ・ベルヌーイによって見出されました．これについて述べた彼の文献が世に出されたのは，18 世紀の初旬でした．ただ公にされたのは，ベルヌーイよりは和算家である関孝和によるほうが少し早かったのでした．こうしたことから，文献によっては関・ベルヌーイ数と書かれることがあります．

ゼータ関数の値を記述するだけでなく，このベルヌーイ数は級数展開の係数のなかで見られるなど，数論や解析の分野では重要な役割を担っている数と言えるのです．

ベルヌーイまたは関によるベルヌーイ数は，もともとは自然数のべき乗の和を求めるために用いられました．この機会に，べき乗の和の式について簡

単にふれておきましょう.

たとえば自然数の 2 乗 $1^2, 2^2, \cdots, n^2$ の和を表した式

$$1^2 + 2^2 + 3^2 + \cdots + n^2 = \frac{1}{6}n(n+1)(2n+1)$$

については, すでに学習されて, ご存知の方も多いかと思います.

それでは, 一般的な話になりますが, 自然数の k 乗の和の場合の $1^k + 2^k$ $+ 3^k + \cdots + n^k$ は, どのような式で表されるのでしょうか.

この問題に取り組むなかで, ベルヌーイおよび関が用いたのがベルヌーイ数でした. すなわちこれについては, ベルヌーイ数 B_m を用いてつぎのように表されます.

$$1^k + 2^k + 3^k + \cdots + n^k = \sum_{m=0}^{k} {}_kC_m \frac{n^{k-m+1}}{k-m+1} B_m$$

この式は, 見た目にはややこしいと思われるかもしれませんが, 実際にあてはめてみると分かりやすいかと思います.

たとえば $k = 3$ の場合, すなわち自然数の 3 乗の和については, $m = 0, 1,$ $2, 3$ のときのそれぞれの ${}_3C_m$ の値を求め, 既に得られている B_0, B_1, B_2, B_3 の値を使い, 上の式に適用することにより, つぎのようになります.

$$1^3 + 2^3 + 3^3 + 4^3 + \cdots + n^3$$
$$= 1 \cdot \frac{n^4}{4} \cdot 1 + 3 \cdot \frac{n^3}{3} \cdot \frac{1}{2} + 3 \cdot \frac{n^2}{2} \cdot \frac{1}{6} + 1 \cdot \frac{n}{1} \cdot 0 = \left(\frac{1}{2}n(n+1)\right)^2$$

これもよく知られている式です. ですから, たとえば $1^3 + 2^3 + 3^3 + \cdots + 100^3$ の答えは, $\left(\frac{1}{2} \cdot 100 \cdot 101\right)^2 = 25502500$ となることが直ちにわかるわけです.

もちろん n までの自然数の和 $1 + 2 + 3 + \cdots + n$ については, 上の式で $k = 1$ とおいた場合ですから, $\frac{1}{2}n(n+1)$ がすぐに得られるわけです.

ベルヌーイは, 彼が導いた式を使うことによってさまざまなべき乗の足し算の答えが早い計算で得られることを, 周囲の人達に対して大変誇りにしていたと言われています.

これまでに述べたように, ベルヌーイ数を用いたオイラーの式によって,

正の偶数でのゼータ関数の値が求められるのでした．しかしながら，正の奇数でのゼータ関数の値が求められるような式は，今のところは見出されてはいません．もちろんコンピュータが発達した時代ですから，値を求めることは難しいことではありませんが．

　実際のところ，ゼータ関数の $\zeta(2)$ から $\zeta(10)$ までの整数での値は，以下のようになっています．

$$\zeta(2) = 1.64493406\cdots$$
$$\zeta(3) = 1.20205690\cdots$$
$$\zeta(4) = 1.08232323\cdots$$
$$\zeta(5) = 1.03692775\cdots$$
$$\zeta(6) = 1.01734306\cdots$$
$$\zeta(7) = 1.00834927\cdots$$
$$\zeta(8) = 1.00407735\cdots$$
$$\zeta(9) = 1.00200839\cdots$$
$$\zeta(10) = 1.00099457\cdots$$

これを眺めていると，$\zeta(m), (m = 2, 3, 4, \cdots)$ の値は，m が大きくなると次第に 1 に近い数になるように思われます．実際に

$$\zeta(m) = 1 + \frac{1}{2^m} + \frac{1}{3^m} + \frac{1}{4^m} + \frac{1}{5^m} + \frac{1}{6^m} + \cdots$$

において m を大きくすると，第 2 項以降のすべての項が 0 に近づいて第 1 項だけがそのまま残るので，$\zeta(m)$ は 1 に近い数となることがわかります．

　ここでゼータ関数の整数での値がなす，美しい式を紹介しておきましょう．

　上で挙げた式を $\zeta(2)$ から順に見ていると，小数部分は次第に小さくなっていくことがわかります．それでは上で挙げた $\zeta(m)$ の小数部分だけを足していけば，一体どのような結果になるのでしょうか．

　この場合には，実は以下の式が得られます．

$$(\zeta(2) - 1) + (\zeta(3) - 1) + (\zeta(4) - 1) + (\zeta(5) - 1) + \cdots = 1$$

このように値がちょうど 1 になる，美しい式が現れるのです．

　さらに上の式において，$\zeta(m)$ の m を偶数と奇数に分けた場合には，式の値はどのようになるのでしょうか．

　実際に $(\zeta(2) - 1)$, $(\zeta(4) - 1)$, $\cdots$, および $(\zeta(3) - 1)$, $(\zeta(5) - 1)$, $\cdots$ の和を求めてみると，結果はそれぞれ $\dfrac{3}{4}$，または $\dfrac{1}{4}$，となるのです．

　それにしても m を偶数と奇数に分けると，元の値 1 がシンプルな数に分割され，いずれも切りの良い数字となることには，何か不思議な思いがします．

8.3　オイラー積の登場

　ここからは，いよいよ素数とゼータ関数の関係について見ていくことになります．実際のところ二つの間には深い関係があり，素数について語るうえでは，最も大切な場面のひとつということになります．

　ゼータ関数は無限級数によって表されるのでしたが，つぎのように素数を用いた掛け算の式，すなわちオイラー積により表されます．

　そこで早速ですが，一例として $\zeta(2)$ の場合を見てみます．

$$\zeta(2) = 1 + \frac{1}{2^2} + \frac{1}{3^2} + \frac{1}{4^2} + \frac{1}{5^2} + \frac{1}{6^2} + \cdots = \frac{\pi^2}{6}$$
$$= \left(1 - \frac{1}{2^2}\right)^{-1}\left(1 - \frac{1}{3^2}\right)^{-1}\left(1 - \frac{1}{5^2}\right)^{-1}\left(1 - \frac{1}{7^2}\right)^{-1}\cdots$$

上の和の式は，自然数の 2 乗の逆数を順に足し合わせていった無限級数ですが，下の積の式は，素数の 2 乗の逆数を含む項を順に掛け合わせていった積で，オイラー積と呼ばれています．このように，すべての自然数からなる式とすべての素数からなる式が，ひとつの綺麗な数式によって表されるところが何とも不思議なところです．

　値は円周率 π で書かれるのですが，これにより，π はすべての自然数によって表され，また同時に π はすべての素数によって表される，ということ

にもなるのです．ですから，素数は実は円周率とも関係があると言えるわけ
です．

　素数によって書かれたオイラー積は，後の素数の無限性についての議論に
おいては重要なポイントになってきます．

　ところでオイラー積がゼータ関数 $\zeta(s)$ に等しいことは，つぎのようにし
て示されます．なおここでは無限等比級数の和の公式，すなわち，初項が a,
公比が $r, (|r| < 1, r \neq 0)$ の和は

$$a + ar + ar^2 + ar^3 + ar^4 + \cdots = \frac{a}{1-r}$$

で表されることを用います．

　ひとつの例として，ここでもゼータ関数 $\zeta(2)$ の場合について取り上げる
ことにします．

　この $\zeta(2)$ は，上の無限等比級数の和の公式を用いてオイラー積の式変形
を進めていくと，以下のようになります．

$$\left(1 - \frac{1}{2^2}\right)^{-1}\left(1 - \frac{1}{3^2}\right)^{-1}\left(1 - \frac{1}{5^2}\right)^{-1}\left(1 - \frac{1}{7^2}\right)^{-1}\cdots$$
$$= \left(1 + \frac{1}{2^2} + \frac{1}{2^{2\cdot2}} + \frac{1}{2^{2\cdot3}} + \cdots\right)\left(1 + \frac{1}{3^2} + \frac{1}{3^{2\cdot2}} + \frac{1}{3^{2\cdot3}} + \cdots\right)\cdots$$
$$= 1 + \frac{1}{2^2} + \frac{1}{3^2} + \frac{1}{2^{2\cdot2}} + \frac{1}{5^2} + \frac{1}{2^2}\cdot\frac{1}{3^2} + \frac{1}{7^2} + \frac{1}{2^{3\cdot2}} + \cdots$$
$$= 1 + \frac{1}{2^2} + \frac{1}{3^2} + \frac{1}{4^2} + \frac{1}{5^2} + \frac{1}{6^2} + \frac{1}{7^2} + \frac{1}{8^2} + \frac{1}{9^2} + \cdots$$

これにより，無限積が姿を変えて，無限級数によって表されることになりま
す．なお上から 3 番目の式においては，分母が小さい順に項を並び変えて書
いてあります．

　この級数の，たとえば第 280 項について，その現れる様子を見てみましょ
う．この項 $\frac{1}{280^2}$ の分母は，以下のように素数の積に分解されて表されます．

$$\frac{1}{280^2} = \frac{1}{(2^3 \cdot 5 \cdot 7)^2} = \frac{1}{2^{2\cdot3}}\cdot1\cdot\frac{1}{5^2}\cdot\frac{1}{7^2}\cdot1\cdot1\cdots$$

これは最初の積を級数に展開した際に含まれる項（今の場合は $\frac{1}{2^{2\cdot3}}, 1, \frac{1}{5^2},$

$\dfrac{1}{7^2}, 1, \cdots$）を掛け合わせることによって得られます．しかも分母の 280^2 に関して言えば，$2^{2\cdot 3}\cdot 5^2 \cdot 7^2$ 以外の素数の組み合わせは無いので，無限級数において $\dfrac{1}{280^2}$ が現れるのはただ一度だけになります．すなわち（2 以上の整数は素数の積に分解され，かつその方法は順序を除いて一通りである，という）素因数分解の一意性によって，級数の分母には，どんな自然数でも一度だけ現れるということになります．

このようにして，オイラー積からすべての自然数が順に並んだ無限級数が導かれる，すなわち，素数で書かれた式が，自然数で書かれた式によって表されることになるのです．

ここで，オイラー積について要約しておきましょう．

べき s について $s > 1$ であるゼータ関数 $\zeta(s)$ は，オイラー積と呼ばれる無限積を用いて

$$\zeta(s) = \sum_{n=1}^{\infty} \frac{1}{n^s} = \prod_p \frac{1}{1 - \dfrac{1}{p^s}}$$

と表されます．

これまでに使ってきた記号 $\sum_{n=1}^{\infty}$ は，自然数 n について，どこまでも足していったときの和（無限級数）を表すのでした．ここで新たに使われている記号 $\prod_p$ は，素数 p について，どこまでも掛けていったときの積（無限積）を表しています．そして今の場合，無限積における p はすべての素数（$p = 2, 3, 5, 7, 11, \cdots$）にわたるものであり，積はオイラー積と呼ばれています．すなわち，このオイラー積を改めて書き直すと

$$\prod_p \frac{1}{1 - \dfrac{1}{p^s}} = \frac{1}{1 - \dfrac{1}{2^s}} \cdot \frac{1}{1 - \dfrac{1}{3^s}} \cdot \frac{1}{1 - \dfrac{1}{5^s}} \cdot \frac{1}{1 - \dfrac{1}{7^s}} \cdots$$

ということになります．なお左辺に見られる積を表す記号 $\prod$ はパイと読み，円周率 π の大文字にあたるギリシア文字から来ています．

なお前述のように，$\dfrac{1}{1 - \dfrac{1}{p^s}}$ を $\left(1 - \dfrac{1}{p^s}\right)^{-1}$ と書くことがあります．

　無限級数によっては収束するための条件が付く場合がありますが，ゼータ
関数 $\zeta(s) = \sum_{n=1}^{\infty} \dfrac{1}{n^s}$ については，既に述べたように，$s > 1$ がその条件と
なるのでした．

　そして無限積の場合についてですが，一般的に 1 より大きな数をどこまで
も掛けていったときでも，値が無限大になるとは限りません．すなわち条件
を満たせば収束するのですが，ここで述べるオイラー積（$s > 1$）がそれに
該当することになります．

第9章

ゼータ関数と素数

9.1 オイラーの定数と調和級数

第8章においてゼータ関数 $\zeta(s)$ をテーマとしてとり上げ，このとき $\zeta(2)$ や $\zeta(4)$ などの，べき s が整数 $2,3,4,\cdots$ の場合の例を見てきました．そしてこの場合，級数はいずれも有限の値となって収束するのでした．

これに対して，$\zeta(1)$ を表す式は調和級数と呼ばれているのですが，この級数は無限大となり，発散します．このことについては，既に14世紀の中頃にオレームがつぎのようにして示しています．

調和級数において項を適宜組み合わせ，カッコでくくると

$$1 + \frac{1}{2} + \left(\frac{1}{3} + \frac{1}{4}\right) + \left(\frac{1}{5} + \frac{1}{6} + \frac{1}{7} + \frac{1}{8}\right) + \cdots$$
$$\geq 1 + \frac{1}{2} + \left(\frac{1}{4} + \frac{1}{4}\right) + \left(\frac{1}{8} + \frac{1}{8} + \frac{1}{8} + \frac{1}{8}\right) + \cdots$$
$$= 1 + \frac{1}{2} + \frac{1}{2} + \frac{1}{2} + \cdots = 1 + \frac{1}{2}\left(1 + 1 + 1 + \cdots\right)$$

となるのですが，この最後の式は発散することから，最初の調和級数が発散することがわかります．

ところで積分を用いると

$$1 + \frac{1}{2} + \frac{1}{3} + \frac{1}{4} + \cdots + \frac{1}{n} > \int_1^{n+1} \frac{1}{x} dx$$

となります．この不等式の成り立つことは，つぎのように二つの図形の面積をイメージすることにより理解されます，

曲線 $y = 1/x, (x > 0)$ は単調に減少する関数です．このとき $x = n$, x 軸，$x = n + 1$，およびこの曲線によって囲まれた図形は，$x = n$, x 軸，$x = n + 1$，および直線 $y = 1/n$ によって囲まれた長方形に含まれます．

よって

$$\frac{1}{n} \times 1 > \int_n^{n+1} \frac{1}{x} dx$$

となります．そこで 1 から n までについての両辺の和をとると，上で挙げた不等式が得られます．

さらにこの式の右辺の積分において $n \to \infty$ とすれば

$$\lim_{n \to \infty} \int_1^{n+1} \frac{1}{x} dx = \lim_{n \to \infty} \left[\log x \right]_1^{n+1} = \lim_{n \to \infty} \log(n+1) = \infty$$

となるのですが，このとき不等式の左辺は調和級数となり，これは発散することになります．

調和級数は確かに発散するのですが，その速さはかなり遅く，ごく僅かずつ大きくなっていくことになります．実際に足してみると，最初の項から第 100 項までの和は $5.187\cdots$ であり，また第 10000 項までの和でも 10 より小さい $9.787\cdots$ になっています．さらに 1000000 項までの和は $14.392\cdots$ であり，また 10 億項までの和でも $21.300\cdots$ に過ぎません．

ところで関数 $f(x) = \log x$ は単調な増加曲線を描きますが，その増加する様子はとてもゆるやかになっています．ですから自然対数 $\log n$ について見た場合，n が大きくなれば $\log n$ も大きくはなるのですが，それはやはり，ゆったりとしたものです．たとえば $\log 100 = 4.605\cdots$，また $\log 10000 = 9.210\cdots$ であり，そして $\log 1000000 = 13.815\cdots$ など，いつまでも小さな数が続きながらも発散していくのです．

上で述べた数字を注意しながらよく見てみると，調和級数の $\dfrac{1}{n}$ までの部分和と $\log n$ の二つの数の間には，対応するどの数字について，どうやらそれほど大きな差は生じていないように思われます．ただ前者が後者より，少しだけ大きいようにも思われます．

そこでつぎの問題として，この二つの数の差をとった場合について，すなわち，調和級数の部分和と $\log n$ の差

$$a_n = 1 + \frac{1}{2} + \frac{1}{3} + \frac{1}{4} + \cdots + \frac{1}{n} - \log n$$

を一般項とした数列 $\{a_n\}$ について考えることにします.

手始めに,上で挙げた例などをもとに数列のいくつかの項について小数点以下 5 桁までの値を求めてみると,$a_{10} = 0.62638$, $a_{100} = 0.58220$, $a_{1000} = 0.57771$, $a_{10000} = 0.57726$ などとなっていることがわかります.これらの数字を見ていると,数列は発散するのではなく,どうやらある値に収束するように思われます.

この数列の極限値の問題について考察をしたのがオイラーでした.実際のところ数列 $\{a_n\}$ は収束するのですが,その極限値はオイラーの定数 γ と呼ばれています.ですから式では,以下のように表されます.

$$\lim_{n \to \infty} \left(1 + \frac{1}{2} + \frac{1}{3} + \frac{1}{4} + \cdots + \frac{1}{n} - \log n \right) = \gamma$$

オイラーの定数を表す γ はギリシア文字で,ガンマと呼ばれています.そしてこの γ の値は,以下のようになっています.

$$\gamma = 0.5772156649 \cdots$$

上の例からもわかるのですが,数列 $\{a_n\}$ の収束する様子は,とてもとてもゆっくりとしたものです.a_{10000},すなわち第 10000 番目の項をとった場合を見ても,γ と比べてみると小数点以下の 4 桁までしか一致していません.

ところで,このオイラーの定数 γ ですが,実はゼータ関数とは深い関係にあり,思わぬ場面において現れることがあるのです.証明は抜きにして二つの例を挙げておきましょう.

つぎの式では,オイラーの定数 γ がゼータ関数がなす無限級数で書き表されています.そしてご覧のように,とても美しい式になっています.

$$\gamma = \frac{1}{2}(\zeta(2) - 1) + \frac{2}{3}(\zeta(3) - 1) + \frac{3}{4}(\zeta(4) - 1) + \cdots$$

つぎに円周率 π を,ネイピアの数 e のべき乗で表したものが以下の式です.

$$\pi = e^{\gamma + \frac{\zeta(2)}{2 \cdot 2} + \frac{\zeta(3)}{2^2 \cdot 3} + \frac{\zeta(4)}{2^3 \cdot 4} + \frac{\zeta(5)}{2^4 \cdot 5} + \frac{\zeta(6)}{2^5 \cdot 6} + \frac{\zeta(7)}{2^6 \cdot 7} + \frac{\zeta(8)}{2^7 \cdot 8} + \cdots}$$

この式において注目したいのが,べきにはオイラーの定数 γ とゼータ関数の

$\zeta(2)$, $\zeta(3)$, $\cdots$ がなす無限級数が見られるということです.

　π, e, γ およびゼータ関数は, 互いに関係なく, それぞれが別個に定められた数または級数ですが, これらが一つの数式のなかで綺麗に収まってしまうのですから, これはとても不思議な雰囲気が漂う数式になっています.

　話題は少しそれますが, やはり 4 個の数によって書かれた以下の式が知られています.

$$e^{i\pi} = -1$$

この式はやはりオイラーによるものですが, π, e および虚数単位の i, および整数 1 だけで表されており, 神秘的で美しい式として, しばしば取り上げられているものです.

　上で挙げたオイラーの定数 γ を表した式により

$$\lim_{x \to \infty} \left(\sum_{n < x} \frac{1}{n} - \log x \right) = \gamma$$

ですから

$$\lim_{x \to \infty} \frac{\sum_{n < x} \frac{1}{n}}{\log x} = \lim_{x \to \infty} \left(\frac{\sum_{n < x} \frac{1}{n} - \log x}{\log x} + \frac{\log x}{\log x} \right) = 0 + 1 = 1$$

となります. したがって

$$\sum_{n < x} \frac{1}{n} \sim \log x$$

であることが示されます.

　ここで見られる記号 $\sim$ については以前でもふれましたが, $A(x) \sim B(x)$ とは, $x \to \infty$ のとき $A(x)$ と $B(x)$ の比の極限について, $A(x)/B(x) \to 1$ となることを意味しています.

　では今の自然数 n の逆数の和に代わり, 素数 p の逆数の和をとった場合については, どのように表されるのでしょうか. 実は, この場合には

$$\sum_{p < x} \frac{1}{p} \sim \log \log x$$

となることが知られています. 実際のところ x が大きくなると, 左辺, 右辺

ともに実にゆっくりとした速さで，ごく僅かずつだけ大きくなっていく，ということになります．なおこの式については，次の節において改めて考えてみたいと思います．

　それにしても自然数の逆数の和の極限が $\log x$ で表され，これに対して素数の逆数の和の極限が $\log \log x$ で表されるということは，何かとても不思議な思いがします．

9.2　再び素数の無限性について

　素数の無限性，すなわち素数の個数は無限であることに関しては，既に第1章において述べました．ここでは趣を変え，ゼータ関数を使ってこの問題について考えてみたいと思います．

　オイラーは素数の無限性について，ゼータ関数を用いて以下のように考えました．
　ゼータ関数 $\zeta(s)$，$(s > 1)$

$$\zeta(s) = 1 + \frac{1}{2^s} + \frac{1}{3^s} + \frac{1}{4^s} + \frac{1}{5^s} + \frac{1}{6^s} + \cdots$$
$$= \left(1 - \frac{1}{2^s}\right)^{-1} \left(1 - \frac{1}{3^s}\right)^{-1} \left(1 - \frac{1}{5^s}\right)^{-1} \left(1 - \frac{1}{7^s}\right)^{-1} \cdots$$

において，$s \to 1$ とした場合ついて考えます．s を 1 に近い値にとることにより，級数は任意の大きな値とすることができます．（$s = 1$ のときの左辺は調和級数となり，無限大となるのでした．）
　いま素数が有限個 $(p_1 = 2, p_2 = 3, \cdots, p_k)$ であると仮定します．すると $s \to 1$ のとき，積は有限の値

$$\left(1 - \frac{1}{2}\right)^{-1} \left(1 - \frac{1}{3}\right)^{-1} \left(1 - \frac{1}{5}\right)^{-1} \cdots\cdots \left(1 - \frac{1}{p_k}\right)^{-1}$$

に近づくのですが，しかしこの値を超えて大きくなることはありません．このような矛盾が生じるのは，素数は有限であるとした仮定が正しくなかったためであり，したがって，素数の個数は無限であることがわかります．

素数が無限に存在することについては，既に第 1 章で述べたように，ユークリッドによって示されていました．しかるに上のオイラーによる証明の方法は，数論において新たに解析的な手法を用いるという，ひとつの契機となるものでした．

ところで上で述べたオイラー積はすべての素数にわたるものであり，これを無限積を表す記号 $\prod_p$ を用いて $\zeta(s) = \prod_p \left(1 - \dfrac{1}{p^s}\right)^{-1}$ と書かれるのでした．以降においては，このように簡略化した記号を用いて式を書くことがあります．

これまでに見てきたように，ゼータ関数 $\zeta(s)$ のオイラー積において $s \to 1$ とすれば

$$\prod_p \left(1 - \frac{1}{p^s}\right)^{-1} \to \infty$$

となります．これは前述のとおり，$\zeta(1)$ は調和級数となり，発散することによります．

つぎにこの式の逆数を考えれば，素数 p に対して

$$\lim_{x \to \infty} \prod_{p \leq x} \left(1 - \frac{1}{p}\right) = 0$$

となることがわかります．すなわち x 以下の素数についてのオイラー積の逆数において $s = 1$ とおき，その上で $x \to \infty$ とすれば，このときの極限は無限大となることを式は示しています．

ところで，$a^2 - b^2 = (a + b)(a - b)$ ですから，この式で $a = 1$，$b = 1/p$ とおくことにします．さらにこれをもとにして，x 以下の素数 p に対する積を考えると，つぎの式が成り立ちます．

$$\prod_{p \leq x} \left(1 + \frac{1}{p}\right) = \frac{\prod_{p \leq x} \left(1 - \dfrac{1}{p^2}\right)}{\prod_{p \leq x} \left(1 - \dfrac{1}{p}\right)}$$

そこで，この式において $x \to \infty$ とした場合について考えることにします．

すると $\zeta(2)$ のオイラー積を思い起こせば，右辺の分子は $6/\pi^2$ に収束するのですが，他方で上で得られた結果によれば分母 $\to 0$ となります．したがって左辺について言えば，その極限は

$$\lim_{x \to \infty} \prod_{p \leq x} \left(1 + \frac{1}{p}\right) = \infty$$

となり発散することがわかります．

これまでの経緯を要約すると，つぎのことが言えます．

すべての素数 p にわたり $(1 - 1/p)$ を掛けていった場合にはその値は 0 となります．これに対して，すべての素数 p にわたり $(1 + 1/p)$ を掛けていった場合には，それは無限大となります．

さらにはこれとよく似たことが，次章において説明するように，別の場面でも見られることになります．

9.3 素数を分母とする無限級数

前の節では，自然数を分母とする調和級数について見てきました．そこで以前にもふれたのですが，ここでは素数を分母とする無限級数

$$\sum_p \frac{1}{p} = \frac{1}{2} + \frac{1}{3} + \frac{1}{5} + \frac{1}{7} + \frac{1}{11} + \cdots = \infty \qquad (*)$$

について考えてみたいと思います．ご覧のように，このときの級数は発散します．なお，分母はすべての素数にわたります．

この無限級数 $(*)$ が発散することに関しては，つぎのようにして示されます．

$s > 1$ のとき，ゼータ関数はオイラー積を用いて

$$\sum_{n=1}^{\infty} \frac{1}{n^s} = \prod_p \left(1 - \frac{1}{p^s}\right)^{-1}$$

と書かれるのでした．そしてこの式で，$s \to 1$ のとき左辺は調和級数となり発散することから，右辺の無限積も発散するのでした．

つぎにゼータ関数のオイラー積の対数をとった式について，考えてみたいと思います．なおこの場合，関数 $\log(1-x)^{-1}$ のテイラー展開

$$\log(1-x)^{-1} = x + \frac{x^2}{2} + \frac{x^3}{3} + \frac{x^4}{4} + \frac{x^5}{5} + \cdots, \quad (-1 \le x < 1)$$

というものを用いることにします．

テイラー展開は，関数 $f(x)$ を，x のべきがなす級数の形で表したものです．ただし級数が収束するために，今の場合のように x の範囲について条件がつくことがあります．

この展開式を用いるのは，それによって，後の式変形が容易となるためです．ここではテイラー展開について詳しくは述べませんが，以降ではこの式において x を $1/p^s$ とおいて，そのまま使うことにします．

そこで積の対数は対数の和で表されるので，対数をとったゼータ関数の式はつぎのように変形されます．

$$\log \sum_{n=1}^{\infty} \frac{1}{n^s} = \log \prod_p \left(1 - \frac{1}{p^s}\right)^{-1} = \sum_p \log \left(1 - \frac{1}{p^s}\right)^{-1}$$
$$= \sum_p \left(\frac{1}{p^s} + \frac{1}{2p^{2s}} + \frac{1}{3p^{3s}} + \frac{1}{4p^{4s}} + \frac{1}{5p^{5s}} + \cdots\right) \quad (**)$$

上の式 $\log \zeta(s)$ は $s \to 1$ とすれば発散します．このとき式 $(**)$ のカッコ内の第 2 項以降の和 $\sum_p \left(\frac{1}{2p^{2s}} + \frac{1}{3p^{3s}} + \cdots\right)$ が収束すれば，第 1 項の和 $\sum_p \frac{1}{p^s}$ は発散することになります．したがってこの場合，最初に述べた式 $(*)$ の成り立つことが示されるわけです．

そこで第 2 項以降の和についてですが，以下のように不等式を用いて式変形がなされます．

$$\le \sum_p \left(\frac{1}{2p^{2s}} + \frac{1}{2p^{3s}} + \frac{1}{2p^{4s}} + \frac{1}{2p^{5s}} + \cdots\right) = \sum_p \frac{1}{2p^{2s}} \cdot \frac{1}{1 - 1/p^s}$$

$$= \sum_p \frac{1}{2p^s} \cdot \frac{1}{p^s-1} \leq \sum_p \frac{1}{2p} \cdot \frac{1}{p-1} \leq \frac{1}{2} \sum_{n=2}^{\infty} \frac{1}{n} \cdot \frac{1}{n-1}$$

最後の不等式は,素数 p は自然数 n に含まれることによります.

さらに最後の式について

$$\sum_{n=2}^{\infty} \left(\frac{1}{n} \cdot \frac{1}{n-1} \right) = \lim_{k \to \infty} \sum_{n=2}^{k} \left(\frac{1}{n-1} - \frac{1}{n} \right) = \lim_{k \to \infty} \left(\left(1 - \frac{1}{2} \right) \right.$$

$$\left. + \left(\frac{1}{2} - \frac{1}{3} \right) + \left(\frac{1}{3} - \frac{1}{4} \right) + \cdots + \left(\frac{1}{k-1} - \frac{1}{k} \right) \right) = \lim_{k \to \infty} \left(1 - \frac{1}{k} \right) = 1$$

となり,収束することがわかります.

以上のとおり,(∗∗) の第 2 項以降の和が収束することにより,すべての素数を分母とする無限級数 (∗) の成り立つことが示されました.

つぎに,上のゼータ関数の対数をとった式 (∗∗) において,n および p を x 以下とする場合の有限の和,有限の積について考えます.

詳しいことにはふれませんが,おおまかな流れについて述べておきます.

この式で $s=1$ とおいた場合には,実は上と同じような式変形を進めることにより

$$\log \prod_{p<x} \left(1 - \frac{1}{p} \right)^{-1} \sim \sum_{p<x} \frac{1}{p}$$

となることがわかります.他方で,

$$\prod_{p<x} \left(1 - \frac{1}{p} \right)^{-1} \sim \sum_{n<x} \frac{1}{n}$$

ですから,この対数をとれば

$$\log \prod_{p<x} \left(1 - \frac{1}{p} \right)^{-1} \sim \log \sum_{n<x} \frac{1}{n}$$

となります.したがって

$$\log \sum_{n<x} \frac{1}{n} \sim \sum_{p<x} \frac{1}{p}$$

となることがわかります.

　一方で既に述べたように, オイラーの定数を表した式から $\sum_{n<x} \dfrac{1}{n} \sim \log x$ であることにより, この式の対数をとると

$$\log \sum_{n<x} \frac{1}{n} \sim \log \log x$$

となります. 以上により

$$\sum_{p<x} \frac{1}{p} \sim \log \log x \qquad (x \to \infty)$$

となることがわかります

第10章

L 関数と素数についての話題

10.1　ディリクレの L 関数とは？

　第 8 章および第 9 章においてゼータ関数をとり上げましたが，そのなかでこの関数と素数との関わり合いについて説明をしてきました．この章では，始めにゼータ関数から少し形を変えたディリクレの L 関数というものについて説明をしていきます．そして後半では，この L 関数と素数との関係について話を進めていきたいと思います．ゼータ関数もそうでしたが，L 関数も素数とは深い関係にあるのです．

　ゼータ関数で見られる級数は，分子が 1 で分母には整数のべき乗が順に現れるというものでした．これから扱う L 関数はゼータ関数をもとにしながらも，正と負の項が一定の規則にしたがって続いた無限級数と言って良いでしょう．そこで早速，L 関数から得られる，ひとつの例を見てみたいと思います．

　つぎの級数では，正の符号と負の符号が交互になって続いており，交代級数と言われるものです．

$$1 - \frac{1}{2^3} + \frac{1}{4^3} - \frac{1}{5^3} + \frac{1}{7^3} - \frac{1}{8^3} + \cdots = \frac{4\pi^3}{81\sqrt{3}}$$

ご覧のように今の場合では，分母が 3 の倍数を除いた整数の 3 乗からなる項が順に続いています．そして値はゼータ関数の場合と同じように，やはり円周率を用い，π^3 で表されています．

　もう一つの例を見てみます．つぎも上と同じように交代級数になっています．

$$1 - \frac{1}{2^5} + \frac{1}{4^5} - \frac{1}{5^5} + \frac{1}{7^5} - \frac{1}{8^5} + \cdots = \frac{4\pi^5}{729\sqrt{3}}$$

分母には 3 の倍数を除いた数の 5 乗が順に続いており，また値はやはり円周率を用い π^5 で書かれています．

　ところで，上で挙げた無限級数は，一般的にディリクレの L 関数，または L 関数 $L(k, \chi)$ から得られるもので，ディリクレ級数と呼ばれています．ゼータ関数の応用とも言うべきこの無限級数は，19 世紀に活躍したドイツの数学者であるディリクレによるものです．

　オイラーは無限級数（ゼータ関数）を使って素数についていろいろ調べ，研究を行いました．彼は新たな方法により素数への道を切り開いたのでしたが，これを引継いだのがディリクレでした．ディリクレは L 関数という無限級数を使って，素数に関する研究をさらに深化させることになったのです．

　一般的に L 関数は，ディリクレ指標と呼ばれている χ，または $\chi(n)$ を用いて

$$L(k, \chi) = \sum_{n=1}^{\infty} \frac{\chi(n)}{n^k} = \frac{\chi(1)}{1^k} + \frac{\chi(2)}{2^k} + \frac{\chi(3)}{3^k} + \frac{\chi(4)}{4^k} + \cdots$$

と表されます．このように，$L(k, \chi)$ は k と χ の関数になります．

　ご覧になってわかるように，k は級数の分母のべきを表します．また分子にあるディリクレ指標 $\chi(n)$ については，級数によってその内容が異なります．

　そこで例として挙げた二つの級数において見られる $\chi(n)$ についてですが，つぎのように定められたディリクレ指標です．

$$\chi_3(n) = \begin{cases} 0 & (n \equiv 0 \bmod 3) \\ 1 & (n \equiv 1 \bmod 3) \\ -1 & (n \equiv 2 \bmod 3) \end{cases}$$

今回はこのように決めましたが，今の場合は mod3 に関係することにより，とくに本書では $\chi_3(n)$ と書いてあります．またここでの n は，L 関数の右辺の第 n 項の分母に見られる n からきています．

　今の場合のディリクレ指標 $\chi_3(n)$ は，n を 3 で割ったときの余りによって

決まります．すなわち，余りが 0 のときには $\chi_3(n) = 0$，余りが 1 のときには $\chi_3(n) = 1$，余りが 2 のときには $\chi_3(n) = -1$ となります．こうして上で挙げた級数 $L(k, \chi)$ の分子に見られる $\chi(1)$, $\chi(2)$, $\chi(3)$, $\chi(4)$, $\cdots$ が決まってきます．ですから例の二つの級数について，分母のべきが 3 乗の級数は $L(3, \chi_3)$，また 5 乗の級数は $L(5, \chi_3)$ と書かれるわけです．

今の指標 $\chi_3(n)$ は，mod3 により定義されるディリクレ指標ですが，その他にも mod4, mod5 などで定められる，さまざまなディリクレ指標があります．

ゼータ関数について述べた際に，オイラー積についての説明をしました．ここでも同じように，オイラー積についての話へと進みます．

たとえば χ を，先ほど述べた mod3 のディリクレ指標とします．この場合，オイラー積を用いて L 関数 $L(k, \chi_3)$ は以下のように書き表されます．

$$L(k, \chi_3) = 1 - \frac{1}{2^k} + \frac{1}{4^k} - \frac{1}{5^k} + \frac{1}{7^k} - \frac{1}{8^k} + \frac{1}{10^k} - \cdots$$
$$= \left(1 + \frac{1}{2^k}\right)^{-1} \left(1 + \frac{1}{5^k}\right)^{-1} \left(1 - \frac{1}{7^k}\right)^{-1} \left(1 + \frac{1}{11^k}\right)^{-1} \cdots$$

このオイラー積について，$2 \bmod 3$ の素数にかかわる符号は $+$ で，$1 \bmod 3$ の素数に関わる符号は $-$ となっています．また $\chi_3(3) = 0$ より素数 3 についての項は 1 となり，結果として式には現れていません．

これにより，式 $L(k, \chi_3)$ のオイラー積は二つに分けて表されて，以下のようになります．

$$L(k, \chi_3) = \prod_{p_2 \bmod 3} \left(1 + \frac{1}{p^k}\right)^{-1} \cdot \prod_{p_1 \bmod 3} \left(1 - \frac{1}{p^k}\right)^{-1}$$

右辺では，素数 $p_{2 \bmod 3}$ と素数 $p_{1 \bmod 3}$ に関する二つの無限積に分けて書いてあります．今の式においては積の順序が変更されているのですが，収束する優れた無限積においては，このようなことが許されるのです．

ここで，ディリクレの L 関数についてまとめておきます．

ゼータ関数および L 関数ともに，分母は $1, 2, 3, \cdots$ の k 乗をとった無限

級数になっています. ただ分子は, ゼータ関数が 1 であるのに対し, L 関数では形を変えた数になっています. 今までの例では 1, -1 または 0 になっているわけです.

つぎにゼータ関数および L 関数がともにオイラー積表示を持つことは, 共通点と言えます. そして整数 $k, (>1)$ に対して, 無限級数であるディリクレの L 関数 $L(k, \chi)$ は, 無限積であるオイラー積によって

$$L(k, \chi) = \sum_{n=1}^{\infty} \frac{\chi(n)}{n^k} = \prod_p \left(1 - \frac{\chi(p)}{p^k}\right)^{-1}$$

と書き表されるのです. ここで $\chi(n)$, $\chi(p)$ はディリクレ指標であり, また右辺のオイラー積における p は, すべての素数をわたります.

お気づきかもしれませんが, オイラー積に見られる $\chi(p)$ の前の符号はマイナスになっています. ですから $p = n$ となる項では, 級数とオイラー積における符号は逆になります. 上で挙げた $L(3, \chi_3)$ と $L(5, \chi_3)$ の二つの mod3 の $L(k, \chi_3)$ の場合では, たとえば 7 について級数では $+\frac{1}{7^k}$ ですが, オイラー積では $1 - \frac{1}{7^k}$ となっています.

ゼータ関数に関してはベルヌーイ数を用いたオイラーによる式があり, $\zeta(2m)$ の値はこれによって求められるのでした. それでは L 関数 $L(k, \chi)$ について値が得られるような式はあるのでしょうか.

実際のところ, L 関数のなかには, つぎのような式で表される場合があります. 微分を用いたこの式はあまり見慣れないかもしれませんが, 今はこの式をそのまま受け入れることにしたいと思います.

k を正の奇数とし, また $m = 3, 4, 5, \cdots$ とするとき, 以下の交代級数が成り立ちます.

$$1 - \frac{1}{(m-1)^k} + \frac{1}{(m+1)^k} - \frac{1}{(2m-1)^k} + \frac{1}{(2m+1)^k} - \frac{1}{(3m-1)^k}$$
$$+ \frac{1}{(3m+1)^k} - \cdots = \frac{\pi}{m^k(k-1)!}\left((\cot \pi x)^{(k-1)} \big|_{x=1/m}\right) \qquad (*)$$

この式は, 二つの変数である k と m を用いて表されています. また右辺に

見られる三角関数 $\cot \pi x$ は $\tan \pi x$ の逆数，すなわち $\cot \pi x = \dfrac{1}{\tan \pi x}$ のことです.

式の値は最後に書かれているのですが，これは級数の分母のべき k に対して，$\cot \pi x$ を $k-1$ 回微分した式に，$x = 1/m$ を代入することによって得られます．そしてここで書かれているように，値は円周率 π でもって表されていることがわかります.

なお関数 $f(x)$ を微分すれば $f'(x)$ で，また $f(x)$ を 2 回微分したときには $f''(x)$ で表されますが，さらに一般的に関数を n 回微分した場合には，$f^{(n)}(x)$ と書き表されます.

見たところ，上の $(*)$ の式はあまりスマートには思われないかもしれません．変数が二つあることにもよりますが，逆に言えばこれにより適用の範囲は広いことが考えられます．実際に，これをもとにして例で挙げた二つの式が容易に得られるのです．もちろんこの他にも今の L 関数 $L(k, \chi)$ の値を導く方法があり，これに関しては専門書でも見られますが，さまざまな事前の数学の準備が必要になってきます．上で述べた式は微分をする必要があるもの（ですから k が大きいと，式は煩雑にならざるを得ませんが），多くの予備知識を前提としない場合においても使える式と言えるものです.

この式 $(*)$ からは，どのような級数が現れるのか，すぐにはイメージがわいてこないかもしれません．そこでこれから得られる，ひとつの例を見てみたいと思います．たとえば $m = 3$ とすれば

$$1 - \frac{1}{2^k} + \frac{1}{4^k} - \frac{1}{5^k} + \frac{1}{7^k} - \frac{1}{8^k} + \cdots = \frac{\pi}{3^k (k-1)!} \left(\left(\cot \pi x \right)^{(k-1)} \big|_{x=1/3} \right)$$

となります．これで，少し見通しが良くなってきました.

そしてさらに $k = 3$ または $k = 5$ とおけば，最初で述べた二つの級数の値

$$L(3.\chi_3) = \frac{4\pi^3}{81\sqrt{3}} \qquad L(5.\chi_3) = \frac{4\pi^5}{729\sqrt{3}}$$

が得られます.

なおこの場合には，その過程で $\cot \pi x$ を 2 回微分した $(\cot \pi x)^{(2)}$，または 4 回微分したときの $(\cot \pi x)^{(4)}$ である

$$(\cot \pi x)^{(2)} = \frac{2\pi^2 \cos \pi x}{\sin^3 \pi x} \qquad (\cot \pi x)^{(4)} = \frac{8\pi^4 \cos \pi x (2 + \cos^2 \pi x)}{\sin^5 \pi x}$$

を用いています.

10.2　二つの美しい無限級数

　私たちは以前, 自然数の逆数 $1, \frac{1}{2}, \frac{1}{3}, \frac{1}{4}, \cdots$ を順に足していったとき, それは調和級数となり, 無限大となることを見てきました. ではこのとき, 交互に符号を変えて $1, -\frac{1}{2}, \frac{1}{3}, -\frac{1}{4}, \cdots$ を足していった場合にはどのような結果が得られるのでしょうか.

　さらに一工夫して分母が奇数だけの場合を選んで, $1, -\frac{1}{3}, \frac{1}{5}, -\frac{1}{7}, \cdots$ をどこまでも加えていった場合にどのようになるのでしょうか.

　17 世紀の後半のことですが, ライプニッツはつぎのような綺麗な無限級数について述べています.

$$1 - \frac{1}{3} + \frac{1}{5} - \frac{1}{7} + \frac{1}{9} - \frac{1}{11} + \cdots = \frac{\pi}{4}$$

分子が 1 で, 分母には奇数が順に並んだこの交代級数は, ライプニッツの級数と呼ばれています. ただインドの数学者であるマーダヴァがライプニッツより前に既に発見していたことから, マーダヴァ・ライプニッツの級数と呼ばれることがあります.

　この級数は, ご覧のようにその値が, 円周率 π を 4 で割ったちょうど $\frac{\pi}{4}$ となるという, とても美しい式として知られているものです. ただし級数の収束する速度は遅いため, 円周率の値を求めることに対しては適しているとは言えません.

　ライプニッツの級数を導くためには, さまざまな方法が考えられているのですが, ここでは, 前の節で述べた L 関数の値を求める式 (∗) を用いて導いてみましょう.

　この式において, $m = 4$ とおいた場合の L 関数 $L(k, \chi_4)$ は, 以下のよう

になります．なおここでは，オイラー積も合わせて書いてあります．

$$1 - \frac{1}{3^k} + \frac{1}{5^k} - \frac{1}{7^k} + \frac{1}{9^k} - \cdots = \frac{\pi}{4^k(k-1)!}\left((\cot \pi x)^{(k-1)}\mid_{x=1/4}\right)$$
$$= \left(1+\frac{1}{3^k}\right)^{-1}\left(1-\frac{1}{5^k}\right)^{-1}\left(1+\frac{1}{7^k}\right)^{-1}\left(1+\frac{1}{11^k}\right)^{-1}\left(1-\frac{1}{13^k}\right)^{-1}\cdots$$
$$= \prod_{p_1 \bmod 4}\left(1-\frac{1}{p^k}\right)^{-1} \cdot \prod_{p_3 \bmod 4}\left(1+\frac{1}{p^k}\right)^{-1}$$

この無限級数の分母には奇数が順に現れ，＋と－の符号が交互に変わる，交代級数になっています．そして最後の式に見られるように，オイラー積は素数 $p_1 \bmod 4$ と，素数 $p_3 \bmod 4$ に関する，二つの無限積に分けて表されます．なお上の式における $\chi_4(n)$ は

$$\chi_4(n) = \begin{cases} 0 & (n \equiv 0 \bmod 4) \\ 1 & (n \equiv 1 \bmod 4) \\ 0 & (n \equiv 2 \bmod 4) \\ -1 & (n \equiv 3 \bmod 4) \end{cases}$$

で定義される，mod4 のディリクレ指標が使われています．ですから，無限級数の分母の自然数 n について，4 で割ったときの余りが 1 であるか 3 であるか，もしくは 0，2 であるかによって，分子はそれぞれ 1, -1 もしくは 0 のいずれかになっています．

たとえば，今得られた式において $k=3$ とおけば，$\cot \pi x$ を 2 回微分した前掲の $(\cot \pi x)^{(2)}$ の式を使い，以下の級数およびオイラー積が得られます．

$$L(3,\chi_4) = 1 - \frac{1}{3^3} + \frac{1}{5^3} - \frac{1}{7^3} + \frac{1}{9^3} - \frac{1}{11^3} + \cdots = \frac{\pi^3}{32}$$
$$= \left(1+\frac{1}{3^3}\right)^{-1}\left(1-\frac{1}{5^3}\right)^{-1}\left(1+\frac{1}{7^3}\right)^{-1}\left(1+\frac{1}{11^3}\right)^{-1}\left(1-\frac{1}{13^3}\right)^{-1}\cdots$$

そして．$k=1$ の場合には $(\cot \pi x)^{(0)}$ となるのですが，この場合には $\cot \pi x$ を微分することなく，そのまま適用します．さらに $\cot \frac{\pi}{4} = 1$ であることから，つぎのような $L(1,\chi_4)$ である，ライプニッツの級数が得られます．

$$L(1,\chi_4) = 1 - \frac{1}{3} + \frac{1}{5} - \frac{1}{7} + \frac{1}{9} - \frac{1}{11} + \cdots = \frac{\pi}{4}$$

これによって，目指していた式が得られました.

　つぎの話題へと進みます.
　ライプニッツの級数とともによく知られた交代級数が，メルカトールの級数と呼ばれている

$$1 - \frac{1}{2} + \frac{1}{3} - \frac{1}{4} + \frac{1}{5} - \frac{1}{6} + \cdots = \log 2$$

です. この式の分母においては整数が順に現れていて，やはりシンプルであり，美しい級数となっています. ただしその値はライプニッツの級数のように円周率で書かれるのではなく自然対数で書かれるのですが，それはちょうど $\log 2$ となっています.
　なお第 9 章において $\log(1-x)^{-1}$ のテイラー展開について述べましたが，この式に $x = -1$ を代入することによって，上のメルカトールの級数が得られます.

　一般的に，自然数 $m = 2, 3, 4, \cdots$ について，ネイピアの数 e を底とする自然対数 $\log m$ は，やはり綺麗な形の無限級数によって表されるのです. この場合の級数は，円周率 π で表されるこれまでに述べた級数とは異なる体系に属するものと言えるのです.
　たとえば $\log 3$ は，以下のように表されます.

$$\log 3 = 1 + \frac{1}{2} - \frac{2}{3} + \frac{1}{4} + \frac{1}{5} - \frac{2}{6} + \frac{1}{7} + \frac{1}{8} - \frac{2}{9} + \cdots$$

この式の分母においても，整数が順に現れていることがわかります.
　もう一度上の $\log 3$ を表す級数について注意しながら眺めてみます.
　今の級数は $m = 3$ の場合であり，この数字 "3" を使って，分母が "3" で割り切れる項の分子は "3" から 1 を引いた 2 となり，項の符号はマイナスになっています. またその他の項の分子は 1 で，符号はプラスになっています. ですから級数の項の符号は，＋＋－＋＋－＋＋－ $\cdots$ と続くことになるのです.
　実は m がその他の自然数の場合においても，たとえば $\log 4$, $\log 5$ などを

表す級数についても，同じようなことが言えるのです．ですからメルカトールの級数についても，その様子については同じと言えるわけです．この場合 $m = 2$ ですから，分母が "2" で割り切れる項の分子は "2" から 1 を引いた 1 となり，その項の符号はマイナスになっています．またその他の項の分子は 1 で，符号はプラスです．このため級数の符号は ＋ － ＋ － ＋ － ⋯ と続くことになります．

これまでに，π で表される級数と，$\log m$ で表される二つの級数を見てきました．実は二つの級数を融合した，以下のような級数もあります．

$$1 - \frac{1}{4} + \frac{1}{5} - \frac{1}{8} + \frac{1}{9} - \frac{1}{12} + \frac{1}{13} - \frac{1}{16} + \cdots = \frac{3}{4}\log 2 + \frac{\pi}{4}$$

この級数では，分母が 1 mod 4，0 mod 4，または 2, 3 mod 4 であるかによって，分子はそれぞれ 1，−1 または 0 となっています．

10.3　L 関数と，1 mod 4，3 mod 4 の素数

4 で割れば 1 余る素数 $p_{1 \bmod 4}$ と，4 で割れば 3 余る素数 $p_{3 \bmod 4}$ のそれぞれの個数が，いずれも無限であることについては，第 7 章において述べました．ここでは前とは別の方法により，すなわちこれまでに見てきたゼータ関数と L 関数のそれぞれのオイラー積を使うことにより，二つの素数の無限性について証明をしたいと思います．

証明をするにあたっては，いずれも背理法によります．すなわちある仮定を行い，それをもとに議論を進めると矛盾が生じるのですが，これは仮定が誤っていたためであることを確かめます．

なおこれまでは級数のべき k は整数として考えてきましたが，以下においては，べきを実数 $s, (> 1)$ として扱います．この場合でも，級数，オイラー積とも収束して式が成り立ちます．

はじめに，$p_{3 \bmod 4}$ の素数の個数は無限であることを証明します．

この章のはじめの節で述べたように，mod4 の L 関数 $L(s, \chi_4)$ のオイ

ラー積は，以下のように表されるのでした．この式では（上述のとおり），素数のべき k を実数 $s, (> 1)$ に戻して書いてあります．

$$L(s,\chi_4) = \prod_{p_{1 \bmod 4}} \left(1 - \frac{1}{p^s}\right)^{-1} \cdot \prod_{p_{3 \bmod 4}} \left(1 + \frac{1}{p^s}\right)^{-1}$$

素数 $p_{3 \bmod 4}$ の個数が，有限であると仮定します．このとき，$p_{3 \bmod 4}$ のなかで最も大きい素数を p_M とします．

つぎに，$s \to 1$ としたときの極限の様子について調べてみることにします．

最初に，上の mod 4 の L 関数 $L(s,\chi_4)$ の左辺は，$\frac{\pi}{4}$ に収束するのでした．右辺について，（有限と仮定した）素数 $p_{3 \bmod 4}$ についての無限積は収束するので，$p_{1 \bmod 4}$ についての積 $\prod_{p_{1 \bmod 4}} \left(1 - \frac{1}{p^s}\right)^{-1}$ も $\neq 0$ で収束します．

つぎにゼータ関数 $\zeta(s)$ のオイラー積を，p_M についての項を境にして二つに分ければ

$$\zeta(s) = \left(1 - \frac{1}{2^s}\right) \cdot \prod_{p_{1,3 \bmod 4} \leq p_M} \left(1 - \frac{1}{p^s}\right)^{-1} \cdot \prod_{p_{1 \bmod 4} > p_M} \left(1 - \frac{1}{p^s}\right)^{-1}$$

と書き表されます．

このうち $p_{1,3 \bmod 4} \leq p_M$ についての積は，p_M 以下の $p_{1 \bmod 4}$ と p_M 以下である $p_{3 \bmod 4}$ の素数からなる積であり，有限の値に収束します．素数 $p_{1 \bmod 4} > p_M$ についての三つ目の積は，p_M より大きい $p_{1 \bmod 4}$ に関わる積ですが，この積は上で述べたように（無限積 $\prod_{p_{1 \bmod 4}} \left(1 - \frac{1}{p^s}\right)^{-1}$ が収束するので）収束します．ですから，右辺全体は収束することになります．

ところが実際には左辺は $\to \zeta(1)$，すなわち調和級数となって発散します．

この矛盾は，素数 $p_{3 \bmod 4}$ の個数は有限であると仮定したこと，によるものです．これにより，3 mod 4 の素数の個数は無限であることが示されました．

つぎに，1 mod 4 の素数の個数は無限である，ことについての証明問題へと移ります．この場合も $s > 1$ とし，前と同じように背理法によります．ただ証明の方法は少し異なってきます．

最初に，素数 $p_{1 \bmod 4}$ の個数は有限である，と仮定します．その上で $s \to 1$

とした場合の，極限の様子について見ていきます．

先ほど素数 $p_{3 \bmod 4}$ の個数の無限性を証明する際に述べたように，mod 4 の L 関数 $L(s, \chi_4)$ は $L(1, \chi_4) = \dfrac{\pi}{4}$ に収束するのでした．この L 関数 $L(s, \chi_4)$ の右辺にある，有限と仮定した素数 $p_{1 \bmod 4}$ に関する無限積は収束しますが，これによって $p_{3 \bmod 4}$ に関する無限積 $\prod_{p_{3 \bmod 4}} \left(1 + \dfrac{1}{p^s}\right)^{-1}$ も収束することになります．この場合，収束値は $\neq 0$ であることに注意します．

つぎにゼータ関数 $\zeta(2s)$

$$\zeta(2s) = \left(1 - \frac{1}{2^{2s}}\right)^{-1} \cdot \prod_{p_{1 \bmod 4}} \left(1 - \frac{1}{p^{2s}}\right)^{-1} \cdot \prod_{p_{3 \bmod 4}} \left(1 - \frac{1}{p^{2s}}\right)^{-1}$$

は，$s \to 1$ のとき $\zeta(2) = \dfrac{\pi^2}{6}$ に収束するのでした．

その右辺について，素数 $p_{3 \bmod 4}$ についての第 3 項の無限積は $\neq 0$ で収束します．これについては，$\zeta(2)$ のオイラー積が絶対収束することによりますが，素数 $p_{1 \bmod 4}$ は有限と仮定したので，第 2 項の $p_{1 \bmod 4}$ に関する積は収束することからもわかります．さらに，この $p_{3 \bmod 4}$ についての無限積は，以下のように分解されます．

$$\prod_{p_{3 \bmod 4}} \left(1 - \frac{1}{p^{2s}}\right)^{-1} = \prod_{p_{3 \bmod 4}} \left(1 - \frac{1}{p^s}\right)^{-1} \cdot \prod_{p_{3 \bmod 4}} \left(1 + \frac{1}{p^s}\right)^{-1}$$

この左辺は収束しますが，前述のようにこの式の右辺の 2 番目の無限積は収束するので，よって始めの無限積 $\prod_{p_{3 \bmod 4}} \left(1 - \dfrac{1}{p^s}\right)^{-1}$ は $\neq 0$ で収束することになります．

ところでゼータ関数 $\zeta(s)$ のオイラー積は，素数を 2，$p_{1 \bmod 4}$ および $p_{3 \bmod 4}$ についての三つの項に分けて

$$\zeta(s) = \left(1 - \frac{1}{2^s}\right)^{-1} \cdot \prod_{p_{1 \bmod 4}} \left(1 - \frac{1}{p^s}\right)^{-1} \cdot \prod_{p_{3 \bmod 4}} \left(1 - \frac{1}{p^s}\right)^{-1}$$

と表されます．

$s \to 1$ の場合，右辺の（有限と仮定した素数）$p_{1 \bmod 4}$ に関する積は収束し，また上の結果から $p_{3 \bmod 4}$ についての積も収束するので，右辺全体は有限値に収束することになります．

ところが実際のところ左辺は → 調和級数 $\zeta(1)$ となり，発散します.

この矛盾は，素数 $p_{1 \bmod 4}$ の個数は有限であると仮定したことによります. よって，素数 $p_{1 \bmod 4}$ の個数は無限であることがわかります.

以上のとおり，二つの素数 $p_{1 \bmod 4}$ および素数 $p_{3 \bmod 4}$ の個数は，いずれも無限であることが示されました.

ところで $1 \bmod 3$ および $2 \bmod 3$ の素数の，それぞれの個数はいずれも無限にあるのですが，これについてもオイラー積を使い，mod4 の素数の場合と同様な方法によって証明することができます. ただしこの場合には，ライプニッツの級数に代わりつぎの式を用います.

$$L(1, \chi_3) = 1 - \frac{1}{2} + \frac{1}{4} - \frac{1}{5} + \frac{1}{7} - \frac{1}{8} + \cdots = \frac{\pi}{3\sqrt{3}}$$

この式は最初の節で述べた $L(k, \chi)$ の値を求める式 $(*)$ において，$m = 3$, $k = 1$ とおくことにより得られます.

なおこの級数 $L(1, \chi_3)$ においては前述の mod3 のディリクレ指標が使われており，このため分母には 3 の倍数は現れません.

ドイツの数学者ディリクレは，1805 年に，ベルギー，オランダに近いアーヘンの近郊にある村で生まれました. オイラーの生誕から，約 100 年を経たときのことです.

ディリクレは，解析的整数論を本格的に始めた数学者として知られています. 第 7 章でも述べましたが，彼は素数の分布に関するディリクレの算術級数定理を証明しました. この定理は，初項 k と公差 n, $(1 \leq k < n)$ が素であれば，$k + an, (a = 0, 1, 2, \cdots)$ を項とする等差数列には素数が無限に含まれる，というものです. これは，今までに述べた mod4 や mod3 の場合，すなわち公差が 4 や 3 の等差数列を一般化したものにあたります.

定理の証明に際しては，解析的な方法が用いられました，すなわちこのときに導入されたのが，ディリクレ指標 $\chi(n)$ を適用したディリクレの L 関数

$L(k, \chi) = \sum_{n=1}^{\infty} \dfrac{\chi(n)}{n^k}$ でした．この *L* 関数は，オイラーによるゼータ関数 $\zeta(s) = \sum_{n=1}^{\infty} \dfrac{1}{n^s}$ を一般化して，さらに発展させるものでした．そして証明に際しては，$L(1, \chi) \neq 0, \infty$ であり，有限の値となることがポイントになりました．

さらにディリクレのもうひとつの重要な業績についてですが，前にもふれたように，彼は $\varphi(n)$ 個あるそれぞれの等差数列には，初項 *k* に依らず同じくらいの素数が含まれているという，ディリクレの素数定理についても述べています．

ディリクレは実数変数の関数を扱っていたのですが，その後，複素数を扱ったリーマンによるゼータ関数の研究は，やがて素数定理の証明につながることになるのです．なおリーマンは，ゲッチンゲン大学でディリクレの講義を受講していたのでした．

これまでに $s \to 1$ の極限をもとにして議論をしてきましたが，ひき続きしばらく考えていきたいと思います．

先ほど，$p_{1 \bmod 4}$ の素数が無限であることを背理法を用いて証明しましたが，ここでは仮定をする際のスタート時点を少し変えます．

前に挙げた $L(s, \chi_4), (s > 1)$ についての式

$$L(s, \chi_4) = \prod_{p_{1 \bmod 4}} \left(1 - \frac{1}{p^s}\right)^{-1} \cdot \prod_{p_{3 \bmod 4}} \left(1 + \frac{1}{p^s}\right)^{-1}$$

において，$s \to 1$ のとき右辺における後の無限積 $\prod_{p_{3 \bmod 4}} \left(1 + \dfrac{1}{p^s}\right)^{-1}$ が，0 以外の有限値に収束するものと仮定します．

この仮定により，最初の無限積 $\prod_{p_{1 \bmod 4}} \left(1 - \dfrac{1}{p^s}\right)^{-1}$ は $\neq 0$ で収束します．そこで，ここからは前と同じような議論を進めていきます．するとゼータ関数の $\zeta(1)$ は収束することになって，やはり矛盾が生じます．

したがって $s \to 1$ としたとき $\prod_{p_{3 \bmod 4}} \left(1 + \dfrac{1}{p^s}\right)^{-1}$ は，$\to 0$ または発散することがわかります．

ところが，この $p_{3 \bmod 4}$ に関する無限積が発散することはあり得ません．

なぜなら $\left(1+\dfrac{1}{p^s}\right)^{-1}$ は 1 よりは小さいのですが，1 より小さい正の項をどこまでも掛けていった場合，これが発散することは無いからです．

　これによって，$s \to 1$ とすれば，今の無限積は $\to 0$ となる，つまり

$$\prod_{p_3 \bmod 4} \left(1+\frac{1}{p}\right)^{-1} = 0$$

となることがわかります．またこのとき上の $L(s, \chi_4)$ の左辺は収束することから

$$\prod_{p_1 \bmod 4} \left(1-\frac{1}{p}\right)^{-1} = \infty$$

となることもわかります．

　つぎに $s \to 1$ とするとき，mod4 の素数の無限性の証明の場面で見たのですが $\prod_{p_3 \bmod 4} \left(1-\dfrac{1}{p^{2s}}\right)^{-1}$ は収束することから，今得られた二つの結果のうち，前者をもとに

$$\prod_{p_3 \bmod 4} \left(1-\frac{1}{p}\right)^{-1} = \infty$$

であることがわかります．そして同様な方法によりますが，前掲の $\zeta(2s)$ の式にある積 $\prod_{p_1 \bmod 4} \left(1-\dfrac{1}{p^{2s}}\right)^{-1}$ が収束すること，および後者の結果からは

$$\prod_{p_1 \bmod 4} \left(1+\frac{1}{p}\right)^{-1} = 0$$

であることがわかります．

　このようにして，素数 $p_1 \bmod 4$ および素数 $p_3 \bmod 4$ の無限積についての新たな結果が導かれます．

　ところで，すべての自然数を分母とし 1 を分子とする級数（調和級数）は発散するのですが，すべての素数の逆数の和についても，前章で見たように発散するのでした．ではすべての素数 $p_1 \bmod 4$ の逆数の和，そしてすべての

素数 $p_{3\bmod 4}$ の逆数の和については，どのようになるのでしょうか．この場合も，やはり発散するということになるのでしょうか．

実際のところ，結果としてはつぎのようになります．

上で得られた無限積 $\prod_{p_{1\bmod 4}} \left(1 - \dfrac{1}{p}\right)^{-1} = \infty$ の対数をとれば

$$\sum_{p_{1\bmod 4}} \log \left(1 - \frac{1}{p}\right)^{-1} = \infty$$

となります．そこで，前の章におけるゼータ関数の場合と同じように議論を進めていくと，この式に $\log(1-x)^{-1}$ のテイラー展開を適用することにより，$p_{1\bmod 4}$ の素数の逆数の和について

$$\sum_{p_{1\bmod 4}} \frac{1}{p} = \frac{1}{5} + \frac{1}{13} + \frac{1}{17} + \frac{1}{29} + \frac{1}{37} + \cdots = \infty$$

となることが導かれます．また同様にして，$p_{3\bmod 4}$ の素数の逆数の和について

$$\sum_{p_{3\bmod 4}} \frac{1}{p} = \frac{1}{3} + \frac{1}{7} + \frac{1}{11} + \frac{1}{19} + \frac{1}{23} + \cdots = \infty$$

であることも導かれます．

私たちは既に，すべての素数の逆数の和が無限大となることを見てきました．ところが 4 で割ったとき余りが 1 となる素数，および 4 で割ったとき余りが 3 となる素数のそれぞれを分母とし，1 を分子とする級数についても，いずれも無限大となることが示されたわけです．

29　　31　　　　　　37　　　　　　41

79　　　　83　　　　　　89

127　　　　131　　　　　137　　139

179　181　　　　　　　　191

227　229　　　　233　　　　　239　241

277　　　281　　283

331　　　　　337

379　　　383　　　　389

431　433　　　　439

479　　　　　　487　　491

資　料

541

577　　　　　　587

631　　　　　641

677　　　683　　　691

727　　　733　　　　739

787

827　829　　　　　839

877　　881　883　　887

929　　　　937　　941

977　　　983　　　991

1031　1033　　　1039

参考文献

　本書の執筆に際して以下の文献を参考にしました．ここに，紙面を借りて感謝を申し上げます．

青木昇，「素数と 2 次体の整数論（数学のかんどころ 15）」，共立出版，2013 年

落合理，「現代整数論の風景（素数からゼータ関数まで）」，日本評論社，2019 年

加藤明史，「ガウス　整数論への道」，現代数学社，2009 年

加藤和也，「数論への招待」，丸善出版，2012 年

加藤和也，「フェルマーの最終定理・佐藤ーテイト予想解決への道」，岩波書店，2009 年

加藤和也・黒川信重・斎藤毅，「数論 I　Fermat の夢と類体論」，岩波書店，2013 年

木田祐司，「初等整数論（|講座 |　数学の考え方）」，朝倉書店，2011 年

小山信也，「素数とゼータ関数（数学の輝き 6）」，共立出版，2015 年

西来路文朗・清水健一，「素数が奏でる物語（**BLUE BACKS**）」，講談社，2015 年

Julian Havil 著，新妻弘監訳，「オイラーの定数ガンマ　γ で旅する数学の世界」，共立出版，2009 年

ジョン・ダービーシャー著，松浦俊輔訳，「素数に憑かれた人たち」，日経 BP 社，2009 年

芹沢正三，「素数入門　計算しながら理解できる（**BLUE BACKS**）」，講談社，2014 年

高木貞治，「初等整数論講義　第 2 版」，共立出版，2011 年

松本耕二，「開かれた数学　リーマンのゼータ関数」，朝倉書店，2010 年

山本芳彦，「数論入門（現代数学への入門）」，岩波書店，2003 年

若原龍彦，「美しい無限級数　ゼータ関数と **L** 関数をめぐる数学」，プレアデス出版，2017 年

若原龍彦，「美しい数学を描く　π，e，とオイラーの定数 γ」，講談社エディトリアル，2019 年

　とくに素数定理，素数の配列と分布，およびゼータ関数などについて，著者による本文献を参考にし，または引用をした箇所があります．

人名年表

ユークリッド　Euclid　B.C. 3～4 世紀頃

オレーム　Oresme　1323–1382

ネイピア　Napier　1550–1617

メルセンヌ　Mersenne　1588–1648

フェルマー　Fermat　1601–1665

メルカトール　Mercator　1620–1687

関孝和　1640–1708

ライプニッツ　Leibniz　1646–1716

ヤコブ・ベルヌーイ　Bernoulli, Jakob　1654–1705

ド・モアブル　de Moivre　1667–1754

ゴールドバッハ　Goldbach　1690–1764

オイラー　Euler　1707–1783

ルジャンドル　Legendre　1752–1833

ガウス　Gauss　1777–1855

ディリクレ　Dirichlet　1805–1859

チェビシェフ　Chebyshev　1821–1894

リーマン　Riemann　1826–1866

アダマール　Hadamard　1865–1963

ド・ラ・ヴァレ・プサン　de la Vallée Poussin　1866–1962

リトルウッド　Littlewood　1885–1977

索引

著者プロフィール

若原　龍彦（わかはら・たつひこ）

　1945年愛知県に生まれる。東京外国語大学ドイツ語学科卒業後、東京海上火災保険（株）〈現在の東京海上日動火災保険（株）〉入社。定年退職後、岐阜大学工学部数理デザイン工学科卒業。同大学工学研究科数理デザイン工学専攻修了。

　著書に『図と数式で表す黄金比のふしぎ』プレアデス出版（2010年）、『正五角形の対角線／一辺の長さ＝黄金比を示す172の証明』創英社／三省堂書店（2011年）、『美しい無限級数　ゼータ関数と L 関数をめぐる数学』プレアデス出版（2017年）、『美しい数学を描く　π，e，とオイラーの定数 γ』講談社エディトリアル（2019年）がある。

新しい　素数入門読本
（あたら）　（そ すう にゅうもんとくほん）
不思議な素数の世界へ案内します
（ふ しぎ）　（そ すう）（せ かい）　（あん ない）

2023年10月29日　第1刷発行

著　　者	若原　龍彦（わかはら　たつひこ）	
発　行　者	堺　公江	
発　行　所	株式会社 講談社エディトリアル	
	〒112-0013　東京都文京区音羽1-17-18　護国寺SIAビル6F	
	電話（代表）03-5319-2171　（販売）03-6902-1022	
装　　幀	松崎　理（yd）	
印刷・製本	株式会社ＫＰＳプロダクツ	

©Tatsuhiko Wakahara 2023 Printed In Japan
ISBN978-4-86677-129-8